百工
里的人类学家

Anthropologists in Hundreds of Jobs

宋世祥 著

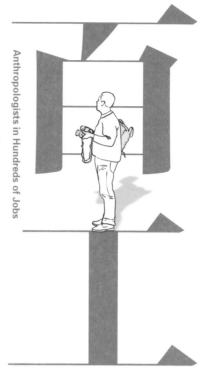

U0145953

北京大学出版社
PEKING UNIVERSITY PRESS

著作权合同登记号　图字：01-2018-3766

图书在版编目（CIP）数据

百工里的人类学家 / 宋世祥著 . 一北京：北京大学出版社，2024.3
ISBN 978-7-301-33650-2

Ⅰ.①百… Ⅱ.①宋… Ⅲ.①人类学 Ⅳ.①Q98

中国版本图书馆CIP数据核字（2022）第244398号

《百工里的人类学家》（宋世祥著）中文简体版由漫游者文化事业股份有限公司经光磊国际版权经纪
有限公司授权北京大学出版社在全球（不包括中国台湾、香港、澳门）独家出版、发行。

书　　　　名	百工里的人类学家	
	BAI GONG LI DE RENLEI XUEJIA	
著作责任者	宋世祥　著	
责 任 编 辑	赵　维　路　倩	
标 准 书 号	ISBN 978-7-301-33650-2	
出 版 发 行	北京大学出版社	
地　　　　址	北京市海淀区成府路205号　100871	
网　　　　址	http://www.pup.cn　　新浪微博：@北京大学出版社	
电 子 邮 箱	编辑部 wsz@pup.cn　　总编室 zpup@pup.cn	
电　　　　话	邮购部 010-62752015　　发行部 010-62750672	
	编辑部 010-62707742	
印 　刷 　者	北京宏伟双华印刷有限公司	
经 　销 　者	新华书店	
	720毫米×1020毫米　16开本　18.25印张　262千字	
	2024年3月第1版　2024年3月第1次印刷	
定　　　　价	128.00元	

目录

"人"比数据更重要！
有了大数据，我们更需要人类学的解读。

当今，全世界都已注意到了人类学的价值，
并发展出将人类学应用于产业、职场的趋势！

人类学家善于在第一线直接接触被研究对象，对之做出全方位观察，并对现象背后的意义提出深刻解释，这正是企业创新与设计最重要的能力之一。

——汤姆·凯利（Tom Kelley），IDEO 设计公司总裁

厚数据可以帮助企业理解消费者在接触产品与服务时产生的情感及其内在的脉络，因此更能协助企业面对瞬息万变的商业挑战。

——克里斯琴·马兹比尔格（Christian Madsbjerg）、米凯尔·拉斯马森（Mikkel B. Rasmussen），企业顾问专家，《厚数据的力量》（"The Power of 'Thick' Data"）载于《华尔街日报》

我们都需要人类学！

2011 年 11 月，美国佛罗里达州州长里克·斯科特（Rick Scott）对媒体记者说了这么一段话："我们州内不需要更多的人类学家。如果有人想要拿到这个学位，那很好，但我们不需要他们在这儿。我希望我们将更多的预算给投身于科学、技术、工程、数学领域的人，这些学位才是我们所需要的，也需要花时间与心力投入，当他们离开学校时，就能得到一份工作。"

此话一出，立刻引起全美人类学界的轩然大波。全美的社会科学界、人文学界都站出来力挺人类学，佛罗里达州更是掀起一波"挺人类学运动"。医疗从业人员、社会工作者、记者、各级学校教师、工程师、博物馆员、艺术家、企业主管等都跳出来说："我学过人类学，我们需要人类学家！"

一位在西佛罗里达大学的生物人类学家克里斯蒂娜·科尔格罗夫（Kristina Killgrove）也回应这则新闻：

"我绝大部分的学生，特别是来人类学大型演讲课修课的学生，未来将会进入三个主要的工作领域：健康与医疗（医生、护士、基因研究、应用医疗）、商业与经济管理，以及教育。人类学对他们大大有用！"

人类学是最热门的大学课程

在美国，人类学是大学"通识教育"中最重要的课程之一。

以我求学的匹兹堡大学为例，人类学系每学期要为大学生开设 3 门 300 人大班的"文化人类学"或"考古学"课程，另外还有"性别与文化""饮食人类学"等小班课程；换言之，每学期就有 1000 人次以上的学生修过人类学课程，而其中人类学系的学生只占约 5%，其余都是来自外系。以我担

人类学的基本态度与方法适用于职场

田野调查

人文反思能力
+
贴近社会现实
↓
发展出更适切的
商品与服务

为研究对象
发声

全貌观

尊重
多元文化

任助教的"文化人类学"通识课来说，学生除了来自社会科学领域，还有来自医学院、文学院、理工学院、艺术学院等院系的，甚至有 NCAA（美国大学生体育协会）的篮球选手。

以上情况反映出一个事实：与心理学、社会学一样，人类学早已成为美国高等教育的核心科目之一。掌握人类学知识也被视为美国大学生的重要素养，有助于启发未来社会精英进行深刻的人文反思，并为他们往后的人生与职业生涯带来正面影响，引领他们做出对于人类社会整体有益的抉择。可以说，人类学通识课就是在为美国社会培养"百工里的人类学家"！

人类学主张的"质性研究"，特别是"民族志式田野调查"方法，能让我们更贴近社会的现实；而人类学强调的基本态度：全貌观、尊重多元文化、为研究对象发声，孕育出了人类学家独特的反思能力。这些使得人类学不单是学界需要，还能帮助企业发展出更贴近市场的服务与商品。人类学已成为各行各业最重要的新研究途径之一。曾受过人类学训练的人，不管来自学院内或外，因为怀抱人文关怀精神，又具有与人群实际接触的阅历，毕业后都能顺利找到工作。

人类学迈向行动主义

2008 年，在美国博士班的新生训练上，听到同班同学自我介绍时称自己是文化人类学家（culture anthropologist）、生物人类学家（biological anthropologist）、考古人类学家（archeologist），我相当惊喜——原来对美国人而言，要成为人类学家，不一定要等到念完博士学位，而是当你投入这个专业，或是以某种人类学专业能力工作，就能算得上是"人类学家"了！

换言之，"受过人类学训练"并在学界以外运用人类学能力的人，以及"没受过人类学训练"却在做和人类学家一样工作的人，都可称为"百工里的人类学家"。

人类学培养的人才相当多元。例如，阿富汗现任总统阿什拉夫·加尼（Mohammad Ashraf Ghani）于美国哥伦比亚大学取得文化人类学硕士学位，曾任世界银行行长的金墉于哈佛大学获得文化人类学博士学位，而知名度很高的大提琴家马友友也是哈佛大学人类学系的毕业生。这些人都在各自的专业领域中运用了人类学的方法或态度，也都曾在访谈中表示，人类学教育对他们的职业生涯意义深远。

此外，许多人类学家也在商业、非商业领域展露出了人类学的专业能力。芯片大厂英特尔（Intel）聘请了人类学家吉尼薇芙·贝尔（Genevieve Bell）担任研究院院士，调查世界各地对数码科技的潜在需求。詹恩·奇普切斯（Jan Chipchase）协助手机大厂诺基亚调查中国、乌干达等地的手机市场，进而研发出适合当地的服务系统。芙莱莉·欧森（Valerie Olson）与其他人类学家携手帮助美国太空总署（NASA）发展航天员与宇宙航空科技的民族志研究。

这些例子都显示出，人类学早已摆脱忧郁沉重的包袱，迈向行动主义，在各领域被充分应用、发挥影响力。

跨领域的应用与创新

反观中国台湾，"文化人类学"至今未普遍成为各大学的通识课程之一。在社会上提及人类学，也大多还停留在对《夺宝奇兵》《神鬼传奇》等电影中探险、挖宝的刻板印象，这显示出社会大众对今日人类学的认识与真实状况仍有相当大的落差。

虽然近年台湾的人类学者们在学术领域中大力鼓吹人类学的重要，也累积了卓越的研究成果，但是对人类学知识与方法在教育体制内的"大众化"

"百工里的人类学家"两种类型

受过人类学训练，但在学界以外运用人类学能力的人

百工里的人类学家

没受过人类学训练，却在做跟人类学家一样工作的人

仍力有未逮。而台湾人类学系所的毕业生往往只能朝学术研究方向发展，学术工作出现僧多粥少的窘境，忽略了若能善用人类学的研究方法和基本态度，其实在各行各业都可以开创新局、发挥力量。台湾的民间企业界对人类学这门学问也只有模糊的认识，不清楚这些受过人类学训练的毕业生们，究竟在自己的企业中可以扮演什么角色。

学习人类学是否一定要成为"人类学者"，在学界服务？对我来说，这是一个错误的假设。将"人类学家"等同于要在学术界服务的"人类学者"，只会让这个学科更加狭隘、失去生命力。

本书将尝试重新定义"人类学家"，并透过对国际趋势和相关个案的分析，呈现人类学核心能力的应用——那就是"百工里的人类学家"在各领域驱动令人惊喜的创新，带来正向改变。

人类学家是现在最需要的人才

当今，全世界都已注意到人类学的价值，并发展出人类学应用在产业、职场的趋势。

全球知名设计公司 IDEO 总裁汤姆·凯利（Tom Kelley）在《决定未来的十种人》一书中，第一个点名要招募的便是有"人类学家"能力与特质的人才，因为人类学家善于在第一线直接接触被研究对象，对之做出全方位观察，并对现象背后的意义提出深刻解释，这正是企业创新与设计最重要的能力之一。汤姆·凯利还列举出了人类学家拥有的特质，这些特质使他们足以胜任引领创新的重要推手：

- 人类学家修习禅理中的"初心"（beginner's mind）。
- 人类学家热爱所有人类行为中的新鲜事。
- 人类学家会参考他们自己的直觉。
- 人类学家在"Vuja De"（未曾相识）中寻求顿悟。
- 人类学家会随身带着"错误表"或是"构想库"。
- 人类学家愿意在垃圾桶里寻找线索。

这些特质究竟是怎么来的？

问题的答案要从人类学训练的过程讲起。以一个人类学系的大学生来说，他必须要修习"人类学导论""生物人类学""考古学""语言人类学"以及"文化人类学"的基础知识。学生们不仅从生物学、语言学的角度学习到人何以为人，更从考古学中习得了物质文化分析的基础，从文化人类学中学习到了全世界文化的多样性。

"文化人类学"的训练大致上又分成三块："民族志""文化人类学理论"与"田野调查"，三者之间是不可分割的。

- 民族志。首先，人类学必须阅读大量民族志，大洋洲、非洲、拉丁美洲、亚洲等地的民族文化都是学习的范围，这有助于学生养成真正的"世界观"。

● 文化人类学理论，又分为"典范理论"与"主题理论"。"典范理论"包括演化论、功能论、物质论、结构主义、诠释论、应用论等，这些是伴随着西方整体社会科学哲思潮流的发展而产生的。"主题理论"则包含政治、经济、亲属、宗教、医疗、性别、物质文化、生态、饮食、感官、情绪、文化、法律、数码科技等，这些都是人类文化基本可见的主题类型。理论的学习必需佐以大量民族志的阅读，以识别同样的文化主题在世界各民族社会之中有何不同的实践方式。

● 田野调查。最后，文化人类学最重要的训练就是"田野调查"研究的能力。它包含对研究议题的发想与准备、研究过程的实际执行，以及资料收集后的研究分析与书写。很多人以为只要做"田野调查"就算是人类学家，常忽略了人类学家在做田野调查之前必要的准备。例如研究对象资料的收集、研究问题的设计、研究伦理困境的预想等，都是在实际进行田野调查之前不可缺少的准备工作。

在田野调查的过程中，人类学家必须离开他所熟悉的原生环境，尽其所能地进入他所要研究的社会之中，尝试成为该社会团体的一分子，并且忠实地记录下他的所见所闻。人类学家必须通过"参与观察"，实际参与到各项社会活动之中，同时需要通过"深度访谈"，挖掘研究对象在现象背后的思考逻辑。

田野调查结束之后，人类学家还需要将收集来的资料进行分析，与其他相关的民族志资料进行比较，并对之做出理论性的诠释，这样才能对所研究的文化现象给出合理的解释。这些经过分析的田野调查资料被编写为"民族志"，便成为之后研究相同族群、课题的人类学家的重要参考资料。

人类学三大核心能力：观察力、全貌观、反思诠释力

通过上述的人类学训练，可以培养出以下三种核心能力：

● 观察力，是人类学田野调查训练之后会获得的重要能力。人类学有着"冒险"的基因，总是把眼前的文化现象当作新鲜事，不是见怪不怪，而是要"见不怪而怪"。对人类学家而言，眼前的任何文化现象都需要解释。它们与其他现象可能有隐而未见的关联，所以必须通过更深入、更全面的观察掌握蛛丝马迹，得到脉络化的全景。人类学家的观察力，也来自于大量阅读民族志的训练，尝试提出另类观点，这对于如何在观察过程中转换视角、换位思考相当有帮助。

● 全貌观，是人类学知识的特征，也能用来形容受过人类学训练的人看世界的方式。当你学会掌握人类的生物特征，拥有融入当地生活的语言能力，有机会以世界的尺度来思考，任何眼前的文化现象都不再只是单一个案，而可以与各种事物联结在一起，形成一个广大的"意义网络"。

● 反思诠释力，指人类学家善于反思眼前文化现象的成因，并进一步诠释这些现象背后的意义。人类学家在对文化现象进行解释与诠释时，需要反映出"原生观点"（native point of view），呈现当地人的文化思维逻辑，同时也应与全世界相关的现象进行比较与对话，通过对各种文化主题的反思，对整体人类文化的共通性有更进一步的理解。

"观察力""全貌观""反思诠释力"是受过人类学训练的学生会获得的三项核心能力与特质，面对市场变化与创新挑战，愈来愈多的企业或是非营利组织看见了这样的人才特质，纷纷表示"我们都需要人类学家"！

百工里的人类学家

本书探讨的"百工里的人类学家"，可能直接或间接学过人类学，可能是自学人类学，也可能从来没有想过，却其实在做类似人类学家所做的工作，他们都展示了人类学方法与态度的价值，证明了善用人类学的能力与特质有助于在各领域积极创新，带来正向的社会影响力。

本书的第一部，将为读者引介人类学在国际上最新的应用趋势，分析如何运用"厚描法"（thick description）挖掘"厚数据"（thick data），打造以人为本的创新。

本书的第二部，将直击台湾地区最具活力的社会现场，透过生动的民族志手法，分析 13 位"百工里的人类学家"如何锻炼他们的"人类学之眼"，在五大领域带来令人惊艳的创新：

- 商业创新的人类学：吴汉中、林承毅、张安定

- 社会设计的人类学：邱星崴、蔡适任、余宛如

- 小地方的人类学：邱承汉、许赫

- 餐桌上的人类学：庄祖宜、黄婉玲、洪震宇

- 民族志创作的人类学：阿泼、Akru

从一个人的书房写作、厨房料理，到一群人的风土旅行、文创设计、社区营造；从协助企业以人类学方法改善体质、创新服务，到以人类学调查为"创业"基础去解决社会问题，每一位"百工里的人类学家"都发挥了改变社会的正向能量。

让我们带着新鲜的眼光重新看世界，像人类学家一样去体验、去改变、去创造，将来自人类学"厚数据"观察的洞见，转化为成功的创新方案！

第 一 部

挖掘厚数据，

打造以人为本的创新

善用人类学脉络式的观察，透视人心、洞悉需求，引领社会创新！

第一章

人类学创新现场

具有社会影响力的创新，绝对不只是技术的突破或营销的标新立异。

人类学家以人为本、抱持社会关怀投入创新行列，不仅带来解决问题的新产品或新服务，也促成了社会的变革与人文精神的提升。

创新（innovation）是人类文明进步的动力，但创新并不只是创意点子的昙花一现，也不只是生产模式的效率提升，而是要找出人们未被满足的需求，积极回应社会对人文价值的期待。真正具有社会影响力的创新，绝对不只是技术的突破或营销手法的标新立异，而是基于对当下整体社会脉络的观照进行的反思："人们等待被解决的问题为何？""人们期待一个什么样的未来？"

在今日，人类学早已不再只是"在荒烟蔓草中挖掘考古遗址"的学问，人类学家也不再是只能"在遥远部落与原住民一起生活"。人类学家与人类学方法正在努力回答上述这些新的问题、回应新的需求，并成为各领域重要的创新动力。

传统上，人类学家参与的创新与其所进行的田野调查计划有密切关系。许多在第三世界或相对低度开发地区做研究的人类学家，往往成为带领当地民众发展与创新的重要推手。

例如，印度尼西亚政府在 1970 年代于巴厘岛推动"绿色革命"，想通过品种改良、加强农药与肥料使用，提升当地梯田的稻米产量，却因为忽略了地方宗教组织对农业与自然环境的影响力，最终以失败收场。人类学家史蒂芬·兰辛（Stephen Lansing）通过在巴厘岛的长期调查，解开了当地宗教在维护农业产量与自然生态方面的秘密，为后来印度尼西亚政府对该地农业政策进行革新提供了重要参考。

人类学家"以人为本"的创新

当前，人类学家对世界所遭遇的问题更加敏感，更愿意投入创新的行列了，这不仅带来了许多解决重要问题的新产品或新服务，也促成了社会整体的革新与人文精神的提升。

例如，人类学家辛西亚·寇恩（Cynthia Koenig）在印度乡村田野调查时，看到妇女必须花大量时间离家取水，是日常生活中沉重的负担，因此她设想将塑胶水桶侧放并加上把手，使之成为可以在地上滚动向前的"水轮桶"（Wello Waterwheel）。这样一个小小的创新，让印度妇女的取水过程变得省时省力，也让她们从家务中得到了更大的空间与自由。

又如，人类学家麦克尔·托马斯（Michael Thomas）的田野调查不在遥远的部落，而是在汽车上，"在中国，我们发现汽车可以帮助人们完成他们的身份转换。"托马斯是福特汽车公司的人类学家，他运用民族志式的田野调查方法，协助汽车设计师了解汽车在不同社会文化里的意义与使用细节。在中国，他发现汽车的购买与使用将促使一个人转换成为一个家庭的领导者与守护者，进而协助设计师设计出了更贴近消费者需求的下一代福特汽车。

在中国台湾地区，也有许多应用了人类学方法发展出令人惊艳的创新的案例。以多次荣获国际设计大赛奖项的台湾设计师谢荣雅为例，他率领的"奇想创造"团队，不单帮大同公司设计新的电锅造型，更运用类似人类学的方法在销售门市里蹲点观察，找出整体服务流程的缺失，进而对店面服务到产品造型提出系统与策略上的创新。

总体来看，人类学家之所以投入创新，正是因为这个学科强调"以人为本"。不管是从理论上还是方法论上看，人类学始终强调要把视野摆在"人"之上，实际去接触人，从人出发去理解这个世界。许多创新研究者都呼吁"创新要以人为本"，但实际上，创新者若对"人"没有高度的人文关怀，或没有足够的动力，这句话很容易就会沦为口号。

世界知名设计公司 IDEO 执行长汤姆·凯利在介绍自己公司的创新路径时，首先点名需要"人类学家"。这是因为人类学家的训练过程中强调对"土著／原生观点"与"在地知识"的捕捉，使人类学家比一般人更习惯于观察并转换自己的视角，从被研究对象的角度来看待问题，也更能捕捉到一般人看不出来的需求。

"以人为本"的创新不仅是通过观察找出需求而已，而是像人类学家一样不断在世界文化里"同中求异"又"异中求同"，浸没于脉络之中又能抽离出来反思，找寻真正有价值的洞见。唯有如此，创新才能真正与文化价值和社会脉络结合，真正成为"以人为本"的创新。

设计思考、设计力创新，都需要人类学

在当前的创新研究中，使用者导向的"设计思考"（design thinking）与设计师主导的"设计力创新"（design-driven innovation）可以说是最重要的两个路径，两者都注意到了"人类学家"与"人类学方法"在创新过程中的重要性。

"设计思考"的推动者以 IDEO 设计公司与斯坦福大学设计学院为代表，它们通过"体察→定义→发想→原型制作→原型测试"五个阶段来找到消费者需求，并通过"原型制作"来确定创新的方向。

而由意大利创新管理领域教授罗波托·维甘堤（Roberto Verganti）所倡导的"设计力创新"，则强调企业整体中设计团队的前瞻性战略位置，通过重新诠释使用者的需求，让技术的驱动力与设计力交互作用，进而引领创新的方向。

可以说，"设计思考"强调人人都有创新能力，通过团队合作与具体的原型制作来达到创新的目标；而"设计力创新"则重视设计力在企业经营与创新中的角色，呼吁企业从设计出发引导创新，带来市场与影响力上的升级。

具体来看，人类学方法如何应用在这两种创新路径中呢？

"设计思考"的哲学强调人类学家进入田野发现问题的能力，以及通过与人的实际接触挖掘真实的需要。相较之下，"设计力创新"则强调人类学

人类学方法应用于"创新"的两种路径

设计思考
design thinking

善用人类学家进入田野发现问题的能力

- 体察→定义→发想→原型制作→原型测试
- 创新前期，探索挖掘问题
- 找出消费者需求，开发原型

以人为本的创新

设计力创新
design-driven innovation

善用人类学家进行文化诠释、生产意义的作用

- 引领企业设计团队的前瞻性战略位置
- 解析文化符码背后的价值观、社会规则、驱动力
- 协助设计团队发展设计论述、驱动创新

家作为"文化产制界"的"诠释者"角色，认为人类学家能清楚捕捉与说明人赋予事物意义的过程，进而协助设计团队发展设计论述。

若从人类学的专业训练来看，"设计思考"与"设计力创新"其实看到了人类学不同的长处。"设计思考"运用了人类学家作为田野工作者的优势，为创新过程中前期问题的探索与挖掘提供了最重要的驱动力。"设计力创新"同样也强调人类学者的田野调查能力，但更看重其作为"文化诠释者"的角色，期待人类学者能指出文化符码下潜藏的价值观以及社会规则，及其驱动人做出行动的机制。

第二章

发挥厚数据的力量

　　运用人类学观察与访谈的方法所得到的资料，可以称之为"厚数据"。

　　它呈现具体的情感、故事和意义，帮助产业在创新过程中洞察人与市场的需求，进而促使设计师与研发人员发展出让人惊艳的设计。

　　"厚数据（Thick Data）是指利用人类学的定性（质性）研究法来阐释的数据，旨在揭示情感、故事和意义。"从事商业管理顾问的人类学家，PL Data 公司创办人以及 IDEO 研究员王圣捷如是说。

　　当前，不少企业热衷通过使用"大数据"（Big Data）来捕捉消费者的偏好，但通常从这些数据中只能看出趋势，却不能真正掌握人们消费行为背后的成因。

　　相较之下，"厚数据"或"厚资料"是人类学家通过观察与访谈等人类学方法得到的资料，它们不同于冰冷的数字，是具体的故事、情绪与话语，更能反映出人行动背后的原因与价值观。通过人类学家与人类学方法收集到的厚数据，往往能成为创新团队工作的重要参考，甚至能精准地引导整个创新的方向。

厚数据分析法，揭示商业洞察

这几年随着智能型手机和各类数据工具渗入人们的生活，"大数据"成了一门显学。顿时间，企业与大学都成立了大数据研究单位，希望通过对数据资料的收集与分析，对人的行为倾向及市场趋势有更多的理解。然而，当企业与机构过度依赖数据，往往就背离了真实的消费情境，难以发展出真正有用的创新。

王圣捷分析，企业组织在运用大数据时，如果没有一套整合框架或权衡尺度，那么大数据就会变成一个危险因子。史蒂芬·麦斯威尔（Steven Maxwell）指出：人们过度沉迷于数据信息的量，却忽略了"质"的部分，也就是分析法所能揭示的商业洞察。信息的量越大并不意味着生成的洞察就一定越多。[1]

王圣捷具体举了诺基亚（Nokia）的例子。她协助该公司做市场调查时，曾根据自己在中国田野调查的经验指出，中国市场已经准备好要接受中高价的智能型手机。然而，公司高层根据数据做出了应该继续推出低价产品的判断，没有采纳她当时只有 100 个样本的田野调查结果。事后证明，诺基亚对市场的判断的确有误，对数据的过度依赖造成了创新的延误，也使得整体经营策略陷入困境。

这样的例子不仅存在于诺基亚，许多企业都面临类似的情况。无怪乎，苹果公司的创办人乔布斯（Steve Jobs）曾说："苹果从不做市场调查"，应该就是不愿意让过大的量化数据造成创新的困境。

王圣捷的《大数据离不开厚数据》一文，从两个方面做了透彻分析[2]：

● 厚数据难以量化，但从少量样本中就能解读出深刻的意义和故事。

---

[1] 参考王圣捷《大数据离不开厚数据》一文。

[2] 同上。

厚数据与大数据截然不同，定量数据研究需要依赖大量的样本，并借助新技术来捕捉、储存和分析数据。要让大数据变得可分析，必须经过一个正常化、标准化的定义和归类过程，这个过程会在无形之中剔除数据中包含的背景、意义和故事。而厚数据的研究方法恰恰能防止大数据在被解读的过程中丢失这些背景元素。

● 当企业想要与利益相关方建立更稳健的关系时，就需要用到"故事"。"故事"包含着情感，而这是经分析过滤的标准化数据所不能提供的。数字无法折射出日常生活中的各种情感：信任、脆弱、害怕、贪婪、欲望、安全、爱和亲密。很难用算术法则来表示一个人对服务／产品的好感程度，以及这种好感会随着时间变化而发生怎样的转变。相对地，"厚数据"分析法能深入人们的内心，从故事中找回"人"的价值。

厚 数 据 vs 大 数 据

厚数据 Thick Data	大数据 Big Data
用"质性研究法"来阐释现象，旨在揭示情感、故事和意义	用"定量研究法"来分析数据，依赖正常化、标准化的定义和归类过程
借助少量样本就能深层解读出各种以人为本的模式	需要借助大量样本来揭示特定的行为模式
依赖人的学习活动	依赖机器的学习活动
分析各种数据关系背后的社会背景、行为动机	从一系列特定的定量数据中整理出规则
包容不可被化约的复杂性，能深入人们的内心，折射出日常生活中的各种情感	通过分离变量以确定其模式，无形之中可能剔除数据中包含的背景、意义和故事

厚数据人才，面对瞬息万变的市场挑战

相较于大数据，"厚数据"更适用于产品与服务的创新。厚数据的"厚"，来自于人类学家克利福德·格尔茨（Clifford Geertz）提出的厚描法（thick description），强调对眼前现象意义的掌握要基于对其背后文化厚度的理解。正因为厚数据收集自确切的社会互动、生活场景、使用脉络、语言认知以及人的真实需要，因而更能让产业在创新过程中掌握人与市场的隐藏需求，进而帮助设计师与研发人员开发出让人惊奇的设计。

例如，《大卖场里的人类学家》（*The Moment of Clarity: Using the Human Sciences to Solve Your Toughest Business Problems*）的作者，同时也是 ReD 设计顾问公司创办人的马兹比尔格（Christian Madsbjerg）与拉斯马森（Mikkel B. Rasmussen），便是运用"质性研究"的田野方法深入家庭调查，通过数百个小时的访谈、视频，协助三星（Samsung）挖掘与"电视"相关的厚数据，发现了电视在现代家庭中的装饰意义越来越重要，因此成功地将电视的外观和功能相结合，推出了以"家具"为设计概念的新产品，并且改变了电视机的销售、营销和维修方式，提升了企业的整体竞争力。

另外，他们也协助乐高（Lego）用参与观察的方法研究儿童如何玩耍。2004 年，这家丹麦公司一天的亏损就高达一百万美元，其产品与消费者需求出现脱节，处于破产边缘。该公司聘请顾问公司在五个国际大都会对乐高用户进行研究，方法类似于人类学的田野调查。他们进入真实生活现场和孩子一起玩耍，在收集了无数个小时的视频、数以千计的照片和日志以及数百个用乐高搭成的模型之后，细致地为所有信息进行编码，从中寻找跨越地理位置和年龄的模式。在寻找儿童玩乐的意义时，他们发现，孩子们最喜欢的其实就是"一砖一瓦"慢慢亲手堆积木的乐趣，因为孩子可以从摸索、想象、创造的过程中得到最大的快乐。这就是来自厚数据的洞察，它推翻了原先人们所认为的孩子会从现成的造型公仔、玩偶或玩具得到立时满足感的假设，

进而协助乐高发展出了整体的产品创新策略。

两位企业顾问专家在《华尔街日报》（ *The Wall Street Journal* ）上发表的《厚数据的力量》（ "The Power of 'Thick' Data" ）一文中指出："厚数据可以协助企业理解消费者在接触产品与服务时产生的情感以及内在的脉络，因此更能协助企业面对瞬息万变的商业挑战。"

第三章
厚数据创新五种心法

锻炼你的"人类学之眼",用全新的眼光侦察这世界,挖掘生活中的厚数据,善用"换位、解构、翻转、修补拼贴、融合"五种心法,你也能洞察需求,打造以人为本的创新!

拥有处理厚数据能力的人类学家,是产品与服务创新最重要的推动力。

当前国际知名的设计或顾问公司都看重人类学家的能力,希望他们能在设计思考的过程中提供有效的洞见,成为推动产品与服务"创新"的重要力量。

曾任职 IDEO 设计部门的人类学家王圣捷说:"厚数据是指利用人类学定性研究法来阐释的数据,旨在揭示情感、故事和意义。"人类学家所撰写的民族志,往往就是最理想的厚数据形式。田野调查的执行、民族志与理论的阅读,都是人类学家训练过程中的要项。民族志注重情境,不仅有丰富的故事性,更能激发出人们具有脉络感的想象力。再者,人类学民族志不只有文化理论,还记录了世界各地众多的文化创新实例,适合帮助创新者换位思考、寻找灵感。

我在自己的"设计思考"课堂上，从厚数据以及人类学本身的特质出发，归纳出以下五个最重要的"创新心法"。

换位 Empathize

"使用者中心"的设计创新主张常强调要重视使用者的观点与感受，记录下使用者对服务或产品的真实使用过程，并分析其背后的社会脉络，进而找到未被满足的需求，作为创新的出发点。

这样的设计态度非常符合人类学民族志田野调查中希望捕捉到的人类学家马林诺夫斯基（Bronislaw Malinowski）所说的"原生观点"，以及格尔茨所强调的地方知识（local knowledge）。对人类学家来说，最理想的厚数据就是所谓的"民族志"。人类学家将研究对象的互动过程巨细靡遗地记录下来，并要求自己掌握对方的语言，以便理解概念与行动之间的关系，从地方的脉络中解读资料的意义。

人类学家换位思考的能力运用在"厚数据"的资料收集上，具有揭示"情感、故事和意义"的特质。因为忠实记录下人们所面对的问题及其带来的情绪，能帮助我们更好地找到创新的切入点，从最被人所关心的项目下手。

解构 Deconstruct

人类的语言、社会、行动其实都是有结构的，而人类学家的训练让他们能够掌握这些结构的组成元素，进而去"解构"。语言的结构、行动的结构、社会的结构，甚至是结构之间的联结方式，都是人类学家擅用的思考工具。

拉德克里夫-布朗（Alfred Radcliffe-Brown）主张的"结构功能论"强调社会是"有机体"，社会各个部门（如政治部门、宗教部门等）都有其维持整体社会运行的功能。玛丽·道格拉斯（Mary Douglas）在《洁净与危险》（*Purity and Danger*）一书中指出，许多"禁忌"本身其实来自文化当中的"分类体系"，难以被分类的动物、行为往往被冠上了"不洁"的标签。人类学的训练，有助于解构现象背后的运作规则。

　　此外，人类学家能利用眼前的田野资料进行跨社群、跨文化的比较。人类学训练要求大量阅读世界各地的民族志，因此会不断提问："这个问题如果换成巴布亚新几内亚人，会怎么想？""换成新西兰毛利人，又会怎么想？"比较性的思考历程，不仅能达到解构的效果，也更符合设计思考中所要求的"重新定义问题"，即找到问题的最关键成因，进而寻找发展创新的契机，达到最好的社会效益。

翻转 Reverse

　　从厚数据中认清"结构"之后，人类学家发现许多社会往往会在"仪式"中翻转既有的社会结构，或在"神话"中让"符号"翻转。例如，"通过仪式"（rite of passage），就是让参与仪式的人们翻转原本所属的社会阶层，或是让原本的社会位置变得模糊。将这样的观念应用在创新上，就是要去"翻转"或"扭转"既定的观念、行为或社会现象背后的结构，进而找到创新的切入点。

　　这样的创新策略在"社会设计"或"社会创新"之中尤为常见。透过厚数据的资料累积与分析，可以发现社会结构中许多被忽视的需求及其成因。通过挑战这些"成因"，或是赋权（empower）给弱势者，往往能带来很好的效果。例如，人类学家与社会企业家辛西亚·寇恩，为了帮助印度女性摆脱到遥远水源地取水的沉重负担，将原本顶在头上的水罐改良成了可以推着走的"水轮桶"。日本"新鲜汉堡"（Freshness Burger）为日本女性不敢在男性面前张嘴吃汉堡而设计了"解放包装纸"（Liberation Wrapper）。上面的有趣图像使女性可以遮住嘴部好好享受汉堡的美味，同时也让用餐经验具有趣味与话题性。

修补拼贴 Bricolage

结构主义人类学家列维-斯特劳斯（Claude Levi-Strauss）在《野性的思维》一书中分析，有别于西方的现代科学思维，在原始社会的神话叙事中，人类还有一种"修补匠式"（bricolage）的思维方式，即像修补匠一样擅于运用手边的素材，使用事件的存余物和碎屑，拼贴出一个又一个的神话体系。

从创新的角度来看，修补匠的拼贴正是一种使各式各样的元素有机会得以相遇、组合的技巧，它可以让不同元素跳脱出原本的脉络，一起完成设定的目标。这样不设限的态度正是创新者所需要的，而要能找出有效的元素加以拼贴，则有赖于对文化的敏感度。

加拿大医生克里斯多夫·查理斯（Christopher Charles）发现柬埔寨人日常饮食缺铁，最容易的解决方法就是用铁锅烹煮，或在烹调食物的过程中加入铁块一起拌炒，释放铁质，但是这些措施都未被当地人采用。查理斯回头审视柬埔寨人的宗教信仰，发现他们视"鱼"为吉祥的象征，因此他把铁块铸成了"鱼形"，使这些铁块成为了当地人的"幸运小铁鱼"，被接受用来一起煮汤，解决了当地人铁质缺乏的问题。这样跳脱脉络又富有文化敏感度的拼贴，带来了具有社会效益的创新。

融合 Fuse

通过"融合"产生新的文化形式或模式的例子，在人类学家的民族志中常可以看到。例如，初步兰岛的"板球运动"（cargo cult），当地原住民从英国殖民者那里学到了板球的玩法，又加入了具有当地文化精神的规则。在移民人类学的田野调查中可以发现，移民小孩具有原生文化与在地文化融合的特征，据此作为身处两个文化交界处的适应策略。

这样的文化融合现象人类学理论称之为"文化涵化"（acculturation），从创新的角度来看，不同系统之间的融合将会发展出新的内容与形式。许多中式餐厅采用西方快餐业的管理方式，或采取中菜西吃的经营策略，便是系统之间的融合与创新。邱承汉经营的"叁捌旅居"是本书后面将介绍的案例之一。邱承汉熟悉婚纱店的经营，设计师伙伴辜达齐擅长建筑设计，双方合作把婚纱设计与建筑设计的元素融合在一起，营造出独特的幸福空间。

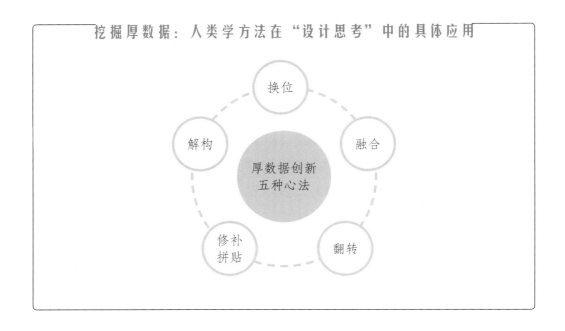

挖掘厚数据：人类学方法在"设计思考"中的具体应用

换位

融合

解构

厚数据创新
五种心法

修补
拼贴

翻转

不同的厚数据系统之间看起来或许毫不相关，但正如世界各地的文化都有机会发生"融合"，通过联结不同的厚数据资料，也能交融混合形成新的系统。

本书通过分析案例证明，"锻炼人类学之眼"能帮你有效掌握问题的脉络，运用人类学田野调查方法挖掘厚数据有助于把冰冷的科学方法人性化。贴近人性、洞悉行为背后的深层意义，可以使得解决问题时，更容易找出捷径与新方向。

一起来锻炼你的"人类学之眼"吧！用全新的眼光侦察这世界，挖掘生活中的厚数据，善用"换位、解构、翻转、修补拼贴、融合"五种心法，你也能洞察需求，并将之组织成有效的创意提案，有效引领创新！

参考资料来源网站

http://www.luckyironfish.com/

http://wellowater.org/

从"厚描法"到"厚数据"的创新

厚数据的"厚",来自于人类学"厚描法"的启发,强调对眼前现象意义的掌握,以及对其背后文化厚度的理解。和人类学家聊天,经常会听到他们说:"这件事要摆在'脉络'(context)里来看,才能看懂这件事的意义!"可以说,人类学理论或方法的特征就是"脉络式思考"或"网络式思考",这与人类学家如何思考文化、训练自己研究文化有着密切的关系。当代最有影响力的人类学家克利福德·格尔茨在《文化的解释》(*The Interpretation of Cultures*)一书中指出:文化是一个象征的网络(web of symbols),也是一个意义的体系(systems of meaning)。人类学家的训练,就是要根据田野工作观察或经验到的文化现象,描绘出一套当地人的意义体系,而要描绘这个意义体系,最重要的方法就是"厚描法"。"厚描法"是什么意思?格尔茨举例,"眨眼"这个动作可以是生理性的,也可以是文化性、社会性的,只有在同样一个意义网络里的人,才懂得眼前的人对自己眨眼是什么意思;而人类学家的角色与工作,就是通过田野调查,进入这个意义体系当中,再跳出来描述这个"意义之网",让外人也能正确理解这个眨眼动作所隐含的文化性、社会性意义。

所以,人类学家的思考模式是将观察到的现象"摆进脉络",用"厚描法"来思考与描述:

- 这个"脉络"到底是怎么构成的?

- 在这当中什么样的人发挥了关键的影响力?

- 什么样的文化价值左右了事情的发展?

- 什么样的文化因素影响了人对于事情的观感?

也就是说,人类学家善于运用"厚描法",从人们的语言、动作、情境、仪式、历史、物件等蛛丝马迹之中,去还原出一张属于眼前这群人的"意义之网",并用这个网络来思考现象背后的意义。在强调"大数据"的今日,人类学"厚描法"的训练将被用于挖掘"厚数据",帮助你洞察需求、引领创新。那么,什么是"厚数据人才"?让我们一起来看看本书呈现的"百工里的人类学家"!

"百工里的人类学家"系列活动

"百工里的人类学家"从脸书（Facebook）粉丝页延伸到线下的人类学应用推广活动，让大众有机会在学院外接触到人类学以及在各领域应用人类学的专家们。目前举办过的活动包括：

- 百工里的人类学家 2014 年论坛
- 原来，我们都不知道如何变老：百工里的人类学家老年论坛
- 窥看百工（一）独立书店店长 × 策展人、夏夜说书会
- 窥看百工（二）团员大稻埕店长 × 服务设计师、百工里的人类学家 2015 年论坛、人类学家入百工：职场实习说明会
- 窥看百工（三）童书作家 × 小学教师
- 窥看百工（四）原民教育 × 戏剧教育、百工里的人类学家@高雄：服务设计师 × 国际 NGO 工作者、百工里的人类学家@中山地下社会等活动

总计有超过 30 位"百工里的人类学家"曾运用这个平台分享他们在各自领域运用人类学的经验。读者可在"百工里的人类学家"粉丝专页上了解未来活动信息。

第 二 部

百工里的

人类学家

善用人类学的眼光与田野观察，解读厚数据，掌握创新契机，带来社会的正向改变！

百工里的人类学家善于以"民族志式田野调查方法"（ethnographic fieldwork）来进行观察，他们保持对人的行为与文化现象的敏感度，能从细微处挖掘到一群人或是一个社群的行为逻辑与思考习惯。

他们善于运用"参与观察"（participant observation）、"深度访谈"挖掘厚数据，找出日常生活行为背后的核心概念，理解语言符号体系、价值观如何让人成为行动者。

更重要的是，"百工里的人类学家"重视文化的价值，拥有对社会的热情以及人文的关怀，这些有助于他们在分析厚数据的过程之中协助组织找到"高度"，厘清"价值主张"（value proposition），定位真正以人为本、对社会有益的创新。

之一

商业创新的人类学

挖掘厚数据，将洞察转换为创新的商业力量！

锻炼你的人类学之眼

朝圣
PILGRIMAGE

朝圣是宗教或灵性生活寻觅灵性意义的过程，通常是指去往一处圣地或者是对其信仰有重要意义的地方，各大宗教都有朝圣活动。今日的流行文化也在重新定义朝圣，比如用来指涉某些族群采取特定行动以表达认同的集体行为。

交融
COMMUNITAS

集体仪式具有强烈的社会凝聚感。在集体仪式中，原本的社会位置被翻转或消失，并随着仪式结束而中止，原本的社会关系也被强化了。

朝圣仪式的交融特质，可以促进组织成员凝聚共识、加强认同

卢尔德（Lourdes）是法国西南比利牛斯省的一个小市镇。

1858 年时，一位名叫贝娜黛特（Bernadette）的女孩说她在卢尔德附近波河（Gave de Pau）旁的洞窟里看到圣母玛利亚显灵 18 次，这使得这里变成天主教的圣地之一，也成为全球天主教徒重要的朝圣地点。信徒来到此地，想要得到圣母的庇佑。他们让自己沐浴在洞窟的涌泉里，因为他们认为自己在圣母赐福之地，从山壁里涌出来的泉水具有治疗疾病的效果。在 19 世纪与 20 世纪，这样的朝圣成为法国天主教徒一年一度的盛事，每年 8 月人们纷纷来这里朝圣。在朝圣期间，每个人原本的社会阶级位置、职业、头衔都被搁置一边，齐心成就这一趟朝圣之旅的共同目标。时至今日，卢尔德每年的朝圣已演变成重要的观光庆典，需要大量志愿工作者协助。人类学家约翰·艾德（John Eade）参加了"卢尔德圣母志工团"（The Hospitality of Our Lady of Lourdes），与来自法国各省以及世界各地的其他志工们一起，于每年的朝圣期来到卢尔德，为前来寻求医疗神迹的天主教信徒们服务，主要是在洞窟旁协助病老的信徒完成于神圣涌泉沐浴的心愿。

　　艾德注意到，因为志工来自世界各地，大家很快就意识到了彼此之间的差异性。为了管理方便，志工团发展出了类似军事化的组织形态，一方面让志愿服务坚守照顾群众信仰的立场，另一方面也让信徒的朝圣得以顺利进行。而随着一同执行服务朝圣者的任务，在秉持相同信念的情况下，原先志工之间的界线也随之消融。

在朝圣活动中，人与人之间的阶级位置差异因为集体性的过程而变得不重要，界线变得模糊，社会结构被翻转。人类学家维克多·特纳（Victor Turner）把这样的过程称为"交融"，它是许多宗教仪式、朝圣仪式的重要特征。从伊斯兰世界的麦加朝圣、中国台湾地区大甲镇澜宫的妈祖绕境等活动中都可以看到"交融"的特质。而艾德也发现，除了朝圣者本身之外，外围团体也会出现朝圣交融的特性。

在当代社会，朝圣仪式不仅出现在宗教领域，许多娱乐消费性场合也能看到类似的文化特征。例如，全球的 NBA 球迷飞到美国球场只为了看一场比赛，苹果计算机的"果粉"于新品发售前在专卖店前排队，美国小孩一生一定要去一次迪斯尼乐园等。在这样的场合里，"交融"自然地发生了，集体性的经验同宗教性的朝圣体验一样，再度增强了消费者的信念与信仰。

在组织管理上，善用朝圣交融的特质，也可以促使成员凝聚共识与加深认同，加快创新的速度。

✔ 思考

在中国台湾地区的宗教文化中，有哪些活动是"朝圣"性质的呢？

你有没有过类似"交融"的体验？这样的体验是怎么发生的？给你带来了什么样的影响？

参考书目：

John Eade, "Order and Power at Lourdes: Lay helpers and the organization of a pilgrimage shrine", in John Eade and Michael J. Sallnow ed., *Contested the Sacred: The Anthropology of Christian Pilgrimage*. New York: Routledge, 1991.

Victor Turner, *The Forest of Symbols: Aspects of Ndembu Ritual*. Ithaca, New York: Cornell University, 1967.

第四章

吴汉中：
重新定义工作，提升
设计创新能力

从在中国台湾地区做社区建筑的参与式设计，到进入美国商业领域从事市场研究、营销策略、组织管理等工作，吴汉中在不同脉络中找到了它们背后相通的运作哲学：开放设计。在设计过程中，开放人类学等不同专业的参与，通过设计思考，可以带来创新改变、创造全新价值。

"**我**们一直谈设计、一直谈商业，大家会觉得中间少了什么东西？其实就是少了'社会'这个价值！而设计与商业结合，就是要创造社会的价值。"

吴汉中在 TED×Taipei 2012 上以"草根的设计"为名，大声呼吁社会重新看待设计的价值，因为设计可以为社会带来改变。

2015 年，吴汉中被台北市市长柯文哲委任为"2016 台北世界设计之都"执行长，而早在 2010 年，他就已经于《美学 CEO》一书中表达了对设计、设计思考（design thinking）、美学、社会设计（social design）等议题的关注。这两年，他积极推动"翻转工作"（Career for Change）计划，希望通过对工作的重新设计（re-design），获得正向的改变。

在推动这些工作的过程中，吴汉中频频呼吁大家学习像"人类学家"一样观察及参与社会，进而发展出更好的设计与工作方法。事实上，吴汉中不是人类学专业出身，却因为多年来持续学习人类学的观察视角与方法而成长、获益。

人类学家的门徒走向社会实践

吴汉中和人类学的渊源要追溯到他在台湾交通大学念土木工程学系的那段时间。他在学习土木建筑专业的同时，开始频繁接触人文社会科学，其中影响他最深的就是人类学家陈其南老师。

"我跟人类学的接触始于大学时期遇到的老师——人类学家陈其南。虽

百工里的人类学家

吴汉中："在设计专业上，台湾需要思考'开放设计'，让人类学家、社会工作者、年轻的社会企业家参与进来；同样，人类学领域也应该要开放人类学，思考如何和设计结合，创造真正的改变。"
- 社计事务所负责人、我们创造事务所共同创办人、"翻转工作"发起人、2016台北世界设计之都执行长
- 结合设计与管理，寻找社会创新与管理实践的可能性，提供兼顾文化、社会、商业面向的顾问服务
- 曾任职于亚洲开发银行、世界文化遗产基金会与社会企业若水国际
- 台湾大学建筑与城乡研究所硕士、美国杜克大学企业管理专业硕士
- 著有《美学CEO》

然那时我没有认真念过人类学的书，但我跟着他学习，他教授我们关于社区的研究，我也研读他关于汉人亲属的人类学研究著述。尽管我没有接受专业系统的训练，但陈其南老师为我开启了人类学这扇门。他不光让我读书，还要我直接跟着他一起学习、一起工作、一起跑田野。记得大四那一年碰上了九二一地震，我们坐夜车到南投灾区支援，是一个很特别的体验。"

有一天，陈其南老师特地给了吴汉中一本书，名为《从土木工程到公民社会》（*From Civil Engineering to Civil Society*），讲的是如何利用土木工程来促进社会发展。"那时我才深刻体会到，如果你不喜欢你的专业，你可以转换一个方式，从中去观察一个社会的建构，这是一个社会建筑的概念。"

那时，吴汉中虽然在土木建筑领域没有成就感，却因为陈其南老师与人类学的启发，打开了人文视野，加上受到那个时代社区运动观念的影响，开始思考整体社会的脉动与问题。大学时期接受的人文社会学观念，引领着吴汉中走向了社会实践的领域。

参与式设计，反映人的需求

进入台湾大学建筑与城乡研究所后，吴汉中跟着夏铸九老师一起推动"参与式设计"的发展，通过开办工作坊，邀请社区居民加入讨论过程，共同参与理想社区的规划，进行社区景观改造以及空间的再生与利用。

"之后我去美国，才发现原来我们做的社区建筑的参与式设计，换一个脉络来看就是全球知名设计公司 IDEO 在谈的市场研究（market research），都是希望'人的涉入'（people involved），然后是'人的融入'（people inside），并且在产品里面反映人的需求。我后来领会到这两者背后的哲学是相通的。"

之后，吴汉中进入台湾文化艺术基金会服务，辅导文化创意产业的发展。"当时在做台湾文创产业政策规划，只知道做人文与艺术需要某种程度的支持，并不知道商业上的转化是多么重要，但又觉得'商业化'不应该只是'商品化'这样一个空洞的概念。我感到，当我们谈文创产业、制定所谓的产业政策时，却不知道什么是产业、什么是管理，这是很危险的。因此，我后来决定去念商学院，想把事情理清楚。"

商业领域高度重视人类学的应用

吴汉中研究所毕业后，选择到美国杜克大学（Duke University）念MBA。对他来说，这个阶段最难的不是商学院课程，而是要重新适应另外一种跟他过去经验完全不同的学习文化：

"在杜克大学我经历了一场很大的转变，我从一个很草根的、很参与式的、穿拖鞋就可以去上课的文化，进入了一个必须很社会化、要穿商业休闲风（business casual）的衣服去上课的环境，这带给我很大的文化冲击，也让我看清楚了一个人的专业价值跟位置是什么。"

吴汉中注意到，美国商学院的知识来源并不局限在商学院，而是大量从心理学、社会学与人类学当中取用适合且有前瞻性的理论与方法，这也让他更加肯定了自己过去在台湾的工作与学习经验：

"真正发现人类学对广义的文创产业或是设计有很大帮助，是我在美国研读市场研究、营销策略（marketing strategies）时。那时才知道原来市场、营销或是消费者行为研究，有很多理论都是借用自心理学、人类学。"

在新的管理专业里面，吴汉中看到人类学的位置被翻转，从最边缘的学科变成了最重要的，更看到了人类学在商业领域的应用价值。他以与斯坦福大学设计学院有密切合作关系的设计公司IDEO为例，介绍了业界对人类学、社会科学的需求：

图 4-1

图 4-2

图 4-3

图 4-4

图 4-1、图 4-2
发起"翻转工作"计划的吴汉中，鼓励大家重新
定义自己的工作，拥抱创造社会影响力的机会。

图 4-3、图 4-4
吴汉中视"世界设计之都"为改变的机会，倡
议"开放设计"，并强调通过社会设计能带动产
业升级。

图 4-5
人类学家可以在设计创新任务中发挥专业特长，
扮演"观察者"和"文化相遇催化剂"的角色。

图 4-5

"我发现 IDEO 一个田野调查计划收取业主十几万美金，其实性质和我们的建筑师、社会学家、人类学家进入社区做田野调查并没有太多差别。在商业界，访谈三天的成本可能高达几十万或上百万，而人类学家可能会花更多时间，以得到真正的洞见（insight），我觉得后者在专业上更为扎实。人类学家应该如何转换他们的知识与工具，用社会可以接受的方法去解决商业问题、社会问题，这是我们应该进一步去思考的。"

学商也可以做对社会有意义的事

吴汉中跨越建筑行业、公共部门、社区与商学院的工作经验让他在杜克大学求学时得到了一个实习机会，代表亚洲开发银行的团队，到中国大陆参与一项"文化遗产开发利用"的计划。

"当时，我在亚洲开发银行的工作职务是文化遗产经理（Heritage Manager），需要具备两种素质，一是要了解建筑、了解公共政策、有政府部门的工作经验，另外也须具有商业管理的专业背景。工作内容是一个跟文化遗产有关的项目，他们想要尝试以新的方式来解决遗产保存的问题。"

计划实施的基地在山西省平遥县，这是一个世界文化遗产古城，里面有很多明清时期留下来的壁画和唐朝留下来的建筑结构，可是面临没有经费修缮的问题。吴汉中深入山西，跟当地人一样睡在炕上、一起生活。他和几个国际非营利组织、当地政府的工作人员，还有几位世界银行的朋友一起进行这个项目，目标是找出一种新的财务手段，来解决古迹保存的问题。

"我们跟当地的古迹专家，先去找到需要保存的目标，比如壁画等文化遗产。然后通过亚洲开发银行设计一个贷款机制，先提供一笔资金，让当地优先做古迹的修缮；接着必须提出一个营运计划，比方说门票的机制，或是比较永续性的开发与经营方案，让这个贷款可以被还清。这件事让我第一次觉得念管理对社会有用。学商，原来还是可以做有意义的事的，感觉很棒。"

把设计思考引入营销策略

结束平遥的项目回到美国后，影响吴汉中更深的是当时的"设计"趋势。iPhone 席卷全球，相关设计理论在国际上快速传播。吴汉中的老师克莉丝汀·莫尔曼（Christine Moorman）找他合作，一起重新设计"营销策略"这门课，而他们所做的，就是重新界定"设计"在管理与营销中的地位与角色。

莫尔曼教授觉得设计与创新非常重要，想要把设计的思考带入营销策略的课程里，于是他们一起做了彻底的研究，从哈佛商学院个案和《哈佛商业评论》（*Harvard Business Review*）等最高位阶的管理期刊中抓出所有与设计、创新相关的案例，从庞大的资料中寻找"设计如何与管理结合""设计在管理的角色是什么"等问题的答案。

吴汉中分析，在行销领域，设计是处理消费者行为与新产品开发的前提；但是在组织的角色上，设计是要改变文化。"我们做了非常系统的整理，从组织、策略、营销，甚至是财务的面向上，厘清设计在什么样的位置上。"

"我们不只研究管理案例，也看了很多设计史的书，尤其是工业设计方面的，因为它跟人的生活最接近。我从中思考'为什么这个设计会重要？''这个设计对于管理的意义是什么？'譬如美国家居生活用品品牌OXO，用的是'通用设计'的概念。知名设计品牌阿莱西（Alessi）是现代设计运动中的重要案例，但其内部其实一位正职设计师都没有，而是运用'策展人'（curator）的概念，整合全世界的几百位设计师。"

吴汉中用心钻研了哈佛商学院四篇关于阿莱西的个案研究，以及一篇教学笔记（teaching note），从中找到了一些线索，厘清了"设计"与"管理"这两件事是可以关联起来，形成新的方法或系统的。

吴汉中最重要的发现是，"当组织要做变革的时候，你必须像文化人类学家一样，去了解组织的共同语言是什么？组织的结构是什么？信仰是什么？把案例与人关联起来，并辅以商学院的市场研究。在此过程中，你就会知道'参与式设计'是非常重要的，它更能让使用者涉入其中。"

人类学的角度让吴汉中豁然开朗，认识到"设计思考"可以把产品研发、商业管理、组织创新、品牌经营这几件事情串联在一起。后来，他将这些观察成果撰写成了《美学 CEO》一书。

吴汉中回到台北后进入若水国际股份有限公司工作，协助发展社会企业计划。他的书引起业界开始关注"设计"对企业发展的重要性，以及可能给企业带来的转变。同时，吴汉中和游智维、洪震宇共同成立了"我们创造事务所"，提供商业管理创新的顾问服务，希望为社会带来一些正面的力量。

文化人类学，驱动设计管理的创新

在商业管理的咨询服务中，吴汉中除了强调设计与创新对企业品牌发展的重要性，也运用他过去参与社区总体营造的经验，协助企业发展"企业文化"。发明"珍珠奶茶"的春水堂便在他的协助下，完成了品牌再造。

春水堂是中国台湾地区具有代表性的茶文化品牌，在过去二三十年间，引领了全世界珍珠奶茶的流行。春水堂有经营能力，可惜没有文化的诠释能力，"所以我跟春水堂说，我们来做一件很简单的事情：给 1980 年代开立的第一家春水堂重新做品牌上的定位，将它定义为'世界珍珠奶茶发源地'，让它具有文化的权威性（authority）。为第一家店铺赋予文化意义之后，春水堂开始重新打造公司品牌，并着手进行海外授权。"

春水堂的创始店具有历史性的地位，不仅因为参与了茶文化的发展，在拥有社区工作经验的吴汉中眼里，它在地理区域上也有很重要的意义。

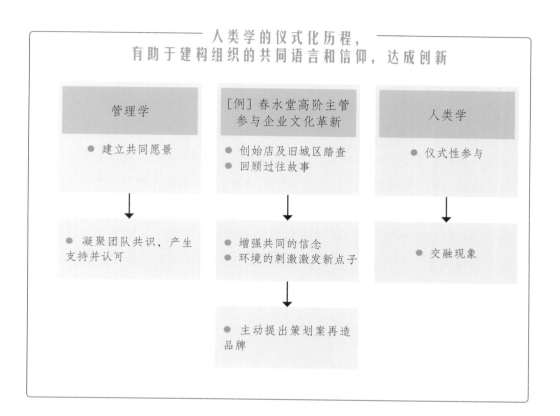

人类学的仪式化历程，
有助于建构组织的共同语言和信仰，达成创新

管理学	[例] 春水堂高阶主管参与企业文化革新	人类学
● 建立共同愿景	● 创始店及旧城区踏查 ● 回顾过往故事	● 仪式性参与
● 凝聚团队共识，产生支持并认可	● 增强共同的信念 ● 环境的刺激激发新点子	● 交融现象
	● 主动提出策划案再造品牌	

　　"我们想谈的是，如何为一间平凡、不起眼的创始店赋予一个与世界茶文化相关的重要意义，思考能不能让它和台中市中区的旧城区产生一些关联，成为中区再生过程中重要的一间店，并为未来的海外授权项目加分。从这个案例中可以看到，一件事可以既有商业价值，同时也有社会与文化的加分。"

　　在品牌再造计划中，春水堂举办了"刘克襄与春水堂的珍奶散步"活动，顾客可以带着喜欢珍珠奶茶的朋友，一边品尝饮料，一边听作家刘克襄说老台中的故事。吴汉中认为，茶文化不只要"喝"，还需要有人来说故事，将贴切的文化诠释作为视觉、听觉与味觉的桥梁，刘克襄老师的参与起了最佳的催化剂效果。

　　吴汉中不是只带着春水堂回顾历史而已，他清楚地知道，驱动企业改革的策略不能只停留在符号层面上，还要关注组织层面，这两个面向应该一起被设计纳入公司的新文化之中。

吴汉中带着公司高阶主管像人类学家、地方文史工作者那样去做踏查，进入台中市中区的旧城区，去看那边的老房子，去说、去回顾那个年代"泡沫红茶一条街"的故事。"做这件事，某种程度上是为了让公司员工能参与进来，通过述说昔日故事的方法，使他们支持与认可这个合作。这类似于人类学家所说的'仪式性参与'，用管理学的语言来讲，就是去建立一个共同的愿景（vision）。踏查过程完结之后，再从一个管理者的角度，思考如何凝聚共识、找到品牌的共同愿景，然后再出发。"

这样细致的安排给春水堂带来了相当正面的影响。担任主管的安吉拉（Angela）回忆说，"那时候汉中带着我们到不同的地方开会，大家受到环境的刺激，比较容易有创新的点子！"许多干部因此而主动提出了有潜力的策划案，成为了公司品牌再生的活水。

创新实验室，找出创新传教士

吴汉中还协助著名的观光品牌"薰衣草森林"成立了"创新实验室"，并任客座"创新长"。

"我和'薰衣草森林'的王村煌执行长是很好的朋友，我跟他说：'执行长，若要推动公司的文化创新与制度改变，不应该只办工作坊，不应该只有顾问合作。我们来做一个很大胆的尝试：成立一个创新实验室部门，让具体的人力、矩阵式的组织参与到这个项目中。'于是，我们很疯狂地把公司组织部门切割出了一块来做创新实验室，在公司里面找出我们觉得具有'创新传教士'特质的人，开始了实验。"

在创新实验室的运作过程中，吴汉中直接引入了人类学、社会科学以及

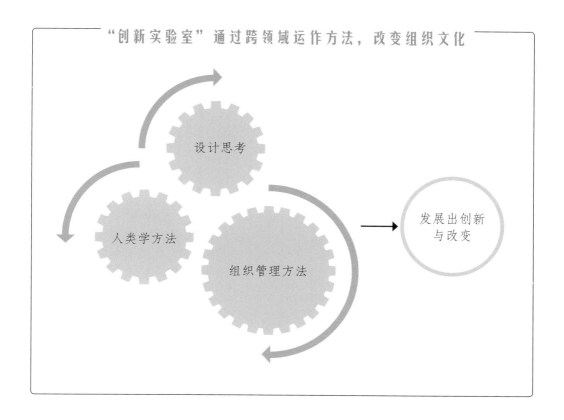

"创新实验室"通过跨领域运作方法，改变组织文化

设计思考

人类学方法

组织管理方法

发展出创新
与改变

设计思考的思维与方法。"我们把设计思考、人类学方法带到组织管理方法里，员工可以向上提案。这是由执行长的意志指导的由上而下贯穿的组织变革，但这个组织的改变并不是要贯彻执行长的意志，而是要让创新能从底层向上发展。我们鼓励员工由下而上提出创新的想法，并努力使其变成真正的实践（practice）。"

在发展"创新实验室"的过程中，吴汉中说自己受惠于人类学者多元的研究成果：

"我读很多人类学对'物质文化'的研究，发现这对产品研发很有启发。而文化人类学强调社群的语言、认同、信仰、组织、家庭等，则和创新的过程密切相关。因为创新是要教给一群人'共同的语言'，让他们能够建构出对美学、设计与创新的'信仰'。在这个建构的过程中，不只可以用管理的方法，还可以通过'仪式化'的过程让他们产生'歃血为盟'形成一个团队的认同，这个创新就会成功。"对吴汉中来说，最棒的启发并不是从商业管理、组织变革的书中得来的，反而是十年前很想读但没有机会读的人类学基本简介与导论给了他启发，指导他再回头来进行创新设计。

台北世界设计之都：开放设计、开放人类学的实践契机

在"2016台北世界设计之都"执行长这个工作岗位上，吴汉中想要达成的，是让"设计"真正能够走入台北，让市民都有机会参与生活环境，甚至政府政策的设计，一起让台北变得美好。他期待"世界设计之都"不光只是"设计"，还要发挥出设计的社会影响力。"世界设计之都以'设计'为名，我们要做的是'开放设计'（open design），将设计的权利开放出来。如何开放设计？就像'设计思考'的哲学所强调的，要让使用者被纳入设计的过程中。世界设计之都的开放设计也是同样的道理，要让市民共同创造（co-create）、共同设计（co-design）这个城市。这种参与必须是由下而上的参与，更重要的，是要做到'开放设计'，让不同的领域的人都可以参与。"

在吴汉中眼里，"世界设计之都"是一个改变的机会，不光是要展现台湾当地的设计能量，更肩负着文创产业的社会创新转向、设计专业跨界发展、公部门的组织文化革新、以社会设计带动产业升级，以及社会设计的全球在地化等任务。

吴汉中认为"开放设计"就是完成这些任务的态度与方法，在正式或非正式的网络平台或项目里，要让公民团体以及人类学、社会学等不同专业的人都参与进来，在设计领域展开合作。我们"需要思考如何让人类学家、社

会工作者、年轻的社会企业家参与到设计专业中来，要为他们开放设计。反过来，人类学家也应该要开放人类学（open anthropology），要思考如何和设计结合，创造真正的改变。我们谈'社会设计'，可不可以有社会学家与设计师的对谈？未来可不可以持续有社会学家、人类学家和设计产生对话？让这些事情发生，就是改变的开始。"

如同吴汉中在《美学CEO》一书中强调了人类学家对当代设计管理的重要性，也如同他在担任商业管理顾问时将人类学与社会科学引入服务之中，在"世界设计之都"这一役，吴汉中同样看好人类学家们在当前与未来的设计产业能有一席之地，也期待人类学家们能够跳脱学术框架，跨界发挥出人类学独特的社会影响力。

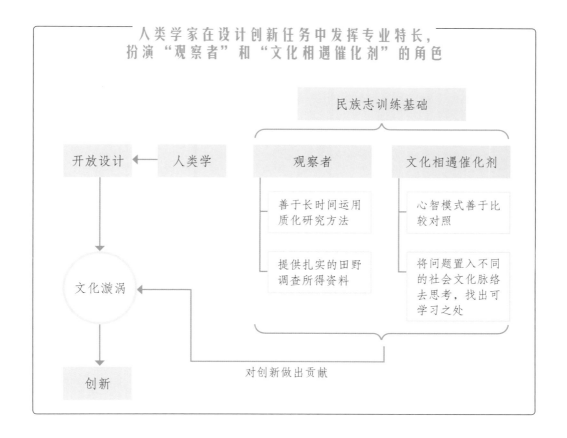

人类学家在设计创新任务中发挥专业特长，
扮演"观察者"和"文化相遇催化剂"的角色

民族志训练基础

开放设计 ← 人类学

观察者

善于长时间运用质化研究方法

提供扎实的田野调查所得资料

文化相遇催化剂

心智模式善于比较对照

将问题置入不同的社会文化脉络去思考，找出可学习之处

文化漩涡

创新

对创新做出贡献

"翻转工作"计划（Career for Change）

吴汉中发起"翻转工作"计划，鼓励年轻人思考"工作"可能带来的社会转变，通过重新定义"工作"为社会带来正向能量。

吴汉中说，"如果处于各自不同工作岗位上的每一个人都拥有积极创造社会影响力与关怀社会的态度（mindset），那么我们就不需要社会运动，不需要谈企业社会责任（CSR）了。原因很简单，如果我是一位科技集团的产品经理，我就会知道产品的制作过程如何更环保；如果我是一个品牌的营销人，我在行销时就应该关注老人、妇女等弱势群体。这样一来，每个人做好自己工作的同时，都有可能在相关的社会问题上做出贡献。所以，'翻转工作'不是说大家都要去做社会企业，而是鼓励你在自己的工作岗位上，拥抱创造社会影响力的机会。"

"翻转工作"计划的团队提倡"创造有意义的工作"（creating meaningful works），希望工作不只是赚钱，还要创造社会影响力。"从社会结构的数据来看，原本就在引导社会创新的工作大概不到百分之五，那么剩下的百分之九十五就不用对社会的改变做出贡献吗？这显然不对！所以我们谈的是一种另类的'创业'，它能改变既有的工作。例如，设计公司 IDEO 发现，由于每天埋头做商业案子，很多设计师在工作上感受不到认同与力量，所以他们建立了 IDEO.org，任务是衔接'设计'与社会领域，让最顶尖的创新人才可以通过设计领导社会改变。宜家（IKEA）聘请环保运动者担任'永续长'，负责管理整个品牌的碳排放。雀巢公司聘请了农业长，与小农与农业创新者合作，关怀永续农业。""翻转工作"现在由陈祐升担任计划领导人，支持认同团队理念的年轻人一起动脑、动手来重新定义工作。创始成员之一陈凯翔，于 2015 年暑假成立了"移工商学院"，开设创业与理财课程，让来到中国台湾地区奉献劳力、心力的移住劳工在工作之余也能有学习的机会。

挖掘厚数据

设计创新与人类学

"创新"是人类社会进步的动力，探讨人类文化发展的人类学家对创新如何发生也很有兴趣。

● 社会丛集的互动，刺激设计创新

人类学教授吉塞拉·韦尔茨（Gisela Welz）指出，相较于文化变迁理论辨别出的定义创新环境的参数，人类学对创新的研究着重在历史上的偶然（historical contingency）与社会的动能（social agency）如何让创新成为可能。

许多民族志皆强调，创新不只是仰赖有创意的个人，而是更需要社会丛集之间的互动。人类学家乌尔夫·翰纳兹（Ulf Hannerz）称这种社会丛集为"文化旋涡"（cultural swirl），当它们能吸收异质性的行动者，而且不是封闭型的系统，而是暴露在偶然的相遇中时，运作得最好，因为此时它能与其他的行动者和丛集发生交换。简言之，异质性越高的环境、差异越大的人们彼此相遇，越容易产生创新。

考古学也佐证，在两个文明相交的边界之处，往往可以看到最多、最丰富的器物形式。因为彼此学习、进行贸易更容易刺激人的想象力与创造力，进而发展出创新的器物样貌。

● 译码创新的文化脉络

人类学家本身除了做研究，也能在创新上有所贡献。以设计团队中的人类学家为例，他们在创新任务中扮演的角色可以是"观察者"，提供田野调查所得到的资料；也可以是"文化相遇催化剂"，将创新背后的问题置入不同的社会文化脉络中来思考。

人类学的训练过程需大量阅读世界各国的民族志，因此人类学家可以举出不同族群的相似例子，再加上其心智模式也善于比较、对照，更容易进入另外一群人的文化价值观来做"换位思考"，进而找出不同文化情境里可以相互借镜或是学习之处。换句话来说，人类学家的创新能力，正来自于扎实的民族志学习基础。

锻 炼 你 的 人 类 学 之 眼

文化震惊
CULTURE SHOCK

人对于遭遇到的因为文化不同而产生的行为差异感到吃惊或是不理解。人类学家相信文化震惊的价值在于揭露两个文化系统与价值观的不同。

原生观点
NATIVE POINT OF VIEW

或称为"土著观点",即强调从当地人的价值观与角度诠释所发生的事件或是所采取的行动。

以原生观点,深入解读不同的社会脉络、文化现象

皮拉哈族(Pirahã)生存在巴西亚马孙雨林,就在亚马孙河中段的支流马德拉河流域里,这里交通不便,一般人难以进入。跟其他已经与文明世界有深刻接触的巴西原住民相比,皮拉哈人的生活还是非常简朴的,主要依赖雨林里的资源生活着。丹尼尔·艾佛列特(Daniel Everett)原本是来这里宣扬福音的传教士,后来成了研究皮

拉哈族的语言人类学家。他记录、研究皮拉哈族的语言，分析他们的语言文法结构，同时也做民族志式的田野调查，记录皮拉哈人的生活。语言资料与民族志资料相互对照，让他对皮拉哈人的文化与价值观更加了解。其中，皮拉哈人对"死亡"这件事的态度更是让他大为震惊。艾佛列特注意到，在皮拉哈人的口说故事里，对于死亡往往态度冷漠。当有人受到死亡威胁时，人们不会主动出手帮忙，面对死亡好像习以为常地冷淡，没有太大的情绪。艾佛列特也记录下了一段亲身经历，有位名为波珂的少妇平安地生了一名女娃，在这之后，艾佛列特一家出外休假了几个月。等到一家回到村子后，发现波珂因为生病变得异常消瘦，虚弱到分泌不出乳汁，她的孩子也跟着变得孱弱。令艾佛列特诧异的是，其他也在哺乳的母亲没有人伸出援手，只顾着自己的孩子。没过几天，波珂就过世了，只留下了她的孩子。

艾佛列特发现，同村的皮拉哈妇女对这个新生命似乎没有任何恻隐之心，不想承担任何责任。于是，他和妻子决定担负起责任，轮流照顾这个小生命，每四个小时喂食一次，不分昼夜地陪在她的身旁。经过几天的努力，他们发现孩子的健康有了起色，便决定在某天下午休息一下，把孩子托付给她的父亲。没想到，当他们回来时，小女娃已经因为她的父亲与其他皮拉哈人强灌卡夏沙酒而死亡。这亲手结束一个小生命的行为让艾佛列特崩溃，但他从女娃父亲那儿得到的原因是，"她很痛苦，她不想活了。""他们为什么要杀死这孩子？"艾佛列特问。

　　这个事件让艾佛列特震惊，也让他更加清楚皮拉哈人的价值观。在皮拉哈人眼中，这孩子本来就活不了，他们的帮助只是延长了孩子的痛苦。皮拉哈人居住的地方没有医生或其他医疗资源，所以他们深知一个人如果不够强悍，就无法在严苛的环境中生存。他们常目睹亲友的死亡或是濒死，因此多少能从他们的眼神与健康状态上做出推断。在他们眼里，这小孩无法撑下去，艾佛列特和他妻子所做的不过是在延长她的痛苦。因此，孩子的父亲用酒精让孩子安乐死，结束她的苦痛。人类学民族志式田野调查方法的奠基者马林诺夫斯基曾说："人类学家或民族学家的目标在于掌握'原生观点'，他和生活的关系，用他的视角来理解他的世界。"我们习以为常的事情，换了一个不同的社会脉络，当地人的态度与作为就可能因为价值观的差异而完全不同。生死亦然。从"原生观点"来看，如何生存、死亡的价值，都与在地的生活条件、社会文化累积下来的适应机制密切相关。

✔ 思考

你是否曾经在旅行中感受到文化的差异，如何从"原生观点"来解释眼前的现象呢？

面对"原生观点"带来的文化差异，我们应该坚持自己的价值观？还是完全接受另外一套标准呢？

参考书目：

Daniel Everett, *Don't Sleep, There Are Snakes: Life and Language in the Amazonian Jungle*. New York: Pantheon Books, 2008.

第五章

张安定：
青年志，桥接青年与商业

张安定与合伙人联合创立的"青年志"公司，专注于中国青年群体的研究。他们从文化的角度出发，运用人类学的方法进入青年人的"田野"，得到全貌观式的理解，进而译码现象背后的意义，将研究成果转化为商业策略服务，帮助企业深度理解青年市场，兼具社会与商业双重影响力。

北京鼓楼附近国旺胡同一间名为"青公馆"的屋里，正在进行一场论坛。

台下的年轻人听着台上一位手上刺青、头上戴着绅士帽的长发男子讲述他对中国 90 后青年的分析，想从他的演讲内容中获得对自己所身处的时代以及同时代的人的更深理解，等着听他说"年轻就是要说'去 ×× 的！'"。

如果不说，你或许会想象这名男子是一位摇滚乐手，事实上他也曾经是，而且现在还是一位声音艺术家，在闲暇时参加展览和演出。

但如果说了，你会非常讶异，他创立的"青年志"（China Youthology）公司，正在用人类学的方法提供商业策略服务，曾与耐克、可口可乐、百事可乐、雀巢、雪弗兰汽车等国际品牌合作，年营业额已超过1500万元人民币，而且还在稳定增长。

他是张安定，"青年志"的创办人之一及首席策略长。对他来说，要当一名人类学家，学术界绝对不是唯一的选择，他率领这家公司跨越学术与非学术的界线、打破社群的藩篱，唯一坚持的，是他对中国青年的热情。

"青年志"，定性研究中国青年的变化

张安定创立"青年志"的故事要从2008年开始说起。那时，张安定离开了《21世纪经济报道》，又结束了在北京一家科技创业公司的工作，他和太太李颐（Lisa）及其他三位朋友都注意到了"变化"是当代中国的代名词，

百工里的人类学家

张安定："人类学就是我和世界相处的一种方式。这个方式就是抱有同理心地去好奇、去理解不同的现象，然后你也会对你的发现非常惊喜，并愿意分享这些新发现给不同的人。这不就是人类学家吗？"

● "青年志"公司联合创办人和首席策略长，专攻中国青年文化研究，为企业提供咨询服务。

● 以Zafka之名活跃于声音艺术、实验音乐与摇滚乐领域

● 曾任社会经济媒体编辑、虚拟平台研究总监

● 英国伦敦大学亚非学院政治社会学硕士

● http://www.chinayouthology.com/

图 5-1

图 5-2

图 5-3

图 5-4

图 5-1
青年志团队

图 5-2
青年志创办人张安定与李颐夫妇

图 5-3

图 5-3
青年志定期发表趋势报告，掌握
最新的青年文化脉动。

图 5-4
联合不同青年文化社群一起举办
的"蘑菇青年趴"，是青年志的常
态活动之一，玩出派对新花样。

63

更意识到 1980 年以后出生的青年人正逐渐成为消费的主力，但中国市场却还没有真正地认识这一群人。

他们也看到，"80 后"这代人因为互联网的关系，世界观以及面对世界的方式发生了改变，信息的爆炸让年轻人的世界变得宽广，有更多的选择，但也使年轻人变得更加彷徨，每个人都在找寻自己的认同。

"全球资本主义市场最近十年有非常大的变化，中国本身就处在一个大变化的阶段，再加上全球性的科技与经济的变化，所以在中国你基本上每一年都在看变化。对于社会学上一些经典的问题，像是家庭、工作场域、社会阶级等，你会发现很多现象每一年都在改变。至于'文化'的变化就更明显了！尤其是青年文化的变化更快，从消费文化、次文化到大众文化，变化得特别快。"于是，张安定决定成立一家市场调查公司，好好研究这批年轻人，也满足自己一直以来对青年文化的热爱和好奇。

回归社会文化脉络，"译码"现象

觊觎青年消费者市场的企业，都曾经寻找市场调查公司来做相关研究。但是，以"心理学"或是"社会统计"为主要方法论的研究调查，对企业来讲却不见得有用。在张安定看来，这样的市场调查往往只能看得到消费者的"需求状态"，任何产品分析后都会得到同样的研究结果，把消费者分类为"时尚追逐型""ＣＰ值追逐型"或是"社会地位追逐型"，这些分类并不能真正解读或涵盖年轻人的心理需求。看到了传统研究方法的局限，张安定和"青年志"的团队反过来强调"文化"之于理解消费者的重要性：

"因为从文化的角度来说，这些心理需求是一个结果，而不是动机。举个例子，很多品牌的定位都说要占据消费者对于乐趣的感受，不管是一包饼干还是一包狗食，都要有乐（fun），但这样研究就变得很抽象且无效。更重要的是，在当前的社会与文化背景下，"乐趣"是什么意思？你要去'译码'（decode）它，你要去诠释它，更重要的是你要回到现在的社会文化脉络里面去找答案。"

对张安定来说，要做这样的译码工作，只有像人类学家一样把"青年"当成自己的研究对象，并且真正进入青年"人"的世界里面去。这样得到一个"全貌观"式的理解后，才能进一步找到消费背后的动机或是品牌所遭遇的问题，从而在商业上帮助企业解决不理解青年市场的难处。

一家美国汽车公司欲了解中国 25 岁至 40 岁的年轻目标消费者，青年志为此进行了案头研究、媒体分析、专家访问和人类学访问，在汽车品类市场中，识别出"进取"和"高档"的意义蓝海，为客户提供了中国"新中产阶级"身份认同焦虑和向往的洞察：年轻的中产阶级大部分是新崛起的专业知识分子群体，不认同通过贿赂或者不公平的商业机会实现一夜暴富；尽管他们会购买入门级的奥迪和宝马汽车，但并不认为这些车体现了自己的身份识别，"我觉得只有政府官员才会开奥迪，只有暴发户才买宝马。我买宝马车是因为我信任它的质量，但我不想被别人当作一个'开宝马的'。"这些焦虑尚未被有效满足，对客户的新汽车产品定位而言，是一个巨大的机会。

几年过去了，现在的"青年志"有将近 30 名员工，公司规模愈来愈大，业务也愈来愈多元，但他们始终没有忘记，自己要像人类学家一样地去认识中国青年，要成为中国青年与商业之间的桥梁。

与人类学相遇在农村

说起青年志跟人类学的缘分，要从张安定的求学时代讲起。"我在读研究生时，就阅读文化人类学家克利福德·格尔茨的作品和其他一些经典的人类学书籍，并做了非常多的田野调查，我的田野调查是结合着社会学与人类学的方式去做。"

张安定的老家在湖南益阳县，大学时来到上海复旦念公共行政管理。他笑说那时其实并没有念什么书，特别喜欢玩摇滚乐。到了研究生时期才真正找到自己的兴趣是在社会理论与人类学上，和同学组织了"社会理论与人类学读书会"，一起读相关的翻译书。因为接触到了人类学，硕士论文以中国农村政治中的"依附体系"为议题，他像人类学家一样带着同学们去农村里"跑田野"，跟村里的干部做访谈。

"我在研究生期间做的课题是中国的乡村政治，切入角度是现代国家如何治理社会，如何利用土地的政治管理系统，所以那时做了非常多的田野。连续两年的寒暑假，我组织小团队到安徽去做农村政治的田野研究，我们到农户家里，跟乡镇干部喝酒、聊天，在那边做观察。这是我比较早期跟人类学相关的一段经历。"

用人类学方法提供商业服务

在英国获得"发展政治学"硕士后，张安定不想再继续升学，就和太太李颐一起回到中国工作。李颐毕业于复旦大学，主修管理学，在伦敦政治经济学院留学时读的是组织和社会心理学，回国后在国际市场研究公司担任高阶研究经理。令人讶异的是，一对没有太多直接人类学专业学习经验的夫妻，却一同走上了以人类学方法来做市场调查的创业之路。

在张安定看来，虽然自己不是人类学科班毕业，但是他和青年志团队能掌握到人类学的核心精神，并且用在市场调查之上：

"对我们来说，最重要的是抓住人类学最核心的心态（mindset）：你的同理心（empathy），你如何去关心、观察你身边的文化？如何运用这种同理心，去处理你对现象的理解？这是我们最核心的能力。还有，我们很强调文

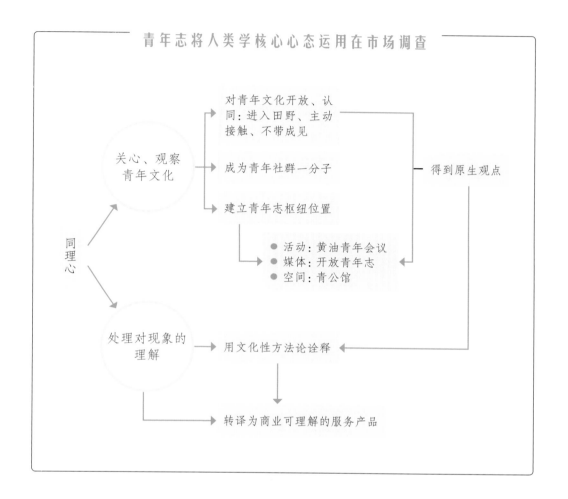

青年志将人类学核心心态运用在市场调查

化性的方法论，你要去熟悉这些文化，要去翻译、译码、诠释它们。"

青年喜欢的东西，不管是刺青、滑板、乐团，还是出国旅游，背后都有属于这一代年轻人的意义，让自己站在青年的立场上运用同理心解码与思考，才能知道这些现象背后的意义。

张安定强调，研究者自己必须先对"青年"开放，各种属于年轻人的流行文化、次文化与消费文化都应该主动去接触，而不是带着先入为主的观念来看待这一代的中国青年——就像是人类学家进入田野的过程一样，要不带任何成见，以得到"原生观点"为目标。

"对青年开放、去承认与认同青年文化，你才能进入这个群体；如果你不去认同，你的研究就无法与青年人产生联结。我们把空间开放出来给他们用，办很多活动，同时也开始形成自己的青年媒体。"张安定说。

在实际的研究策略上，他们也清楚自己不是学院里的人类学家，传统人

胡同里的沙发人类学

青公馆是一个专为青年人建立的空间，也像是一个人类学家的田野工作站。2012 年时，两位青年志的研究员发现在青公馆附近的胡同里有很多闲置的沙发，附近居民常坐在上面聊天，形成了非常有特色的景象。于是，他们发起了一个"胡同里的沙发人类学"计划，记录每张沙发以及胡同里的人，把访问与得到的故事都上传到网络上，让大家知道在这个北京的小角落里，每张沙发、每个人都有属于自己的故事。

北京胡同里俯拾皆是人的故事。

类学长期待在一个地方做调查的方法并不适用于解决公司的业务需求。他们主动创造空间，刻意避开商业办公区，把团队和办公室设置在北京和上海青年文化集中的街区，隐藏在胡同里和屋顶上，称之为青公馆——年轻人在这里可以自由展现自己并与各种文化相遇，激发各种可能性。

比方说，为了让年轻人看到梦想、勇敢追梦，青公馆从 2009 年开始举办"黄油青年会议"。他们希望年轻人在这里分享追逐梦想的过程，就像黄油涂抹在面包上一样，滋养每个人实践梦想的心灵。让策展人、导游、摇滚乐手、面包师傅、运动员……都能站上台来讲自己的故事，分享自己逐梦的经过。

三核心方法，挖掘全貌观的厚数据

经营一家以研究青年为目标的公司，张安定提出要有两个重要的认同，才能成为青年志的一员：

"第一个是青年认同：就是你总得有好奇心啊，总得对世界感兴趣，觉得我一定可以、没有不行的！总得有点劲儿！还有一个是研究认同：你真的认同你最大的价值、你和这个世界是透过'研究'去相处的。"

正因为认同青年，所以要研究青年，也因为研究青年、对青年有了更多的认识与了解，才更加清楚到底什么是"青年文化"。从青年志的英文名称Youthology 也能看出端倪，张安定想要让"青年研究"成为一门学问，让自己的团队在这个过程之中找到坚实的立足点。

"青年志在做研究时有三个核心。第一个核心是'社会与文化视野'，我们不特别说这是人类学，而是强调社会与文化的视野。人类学是文化的一个研究方法，你也可以用营销研究中的消费者文化理论。我们强调的是这个态度。"

"第二个核心是'创意协作'（creative collaboration）。过去人类学家进入一个部落，总觉得部落是封闭的、被动的，需要保持低调、慢慢跟他们成为朋友，这是在长期实践中形成的人类学进入一个社会的一种假设。但在互联网时代，今天的社群与文化，尤其是青年社群，是相对开放的，所以我们要找出更多和年轻人一起创意协作的方法，这样的话，我们的研究才会有社会性、开放性与协作性。"

这个创意协作的方式，就是和青年们一起举办各种"协同共创工作坊"

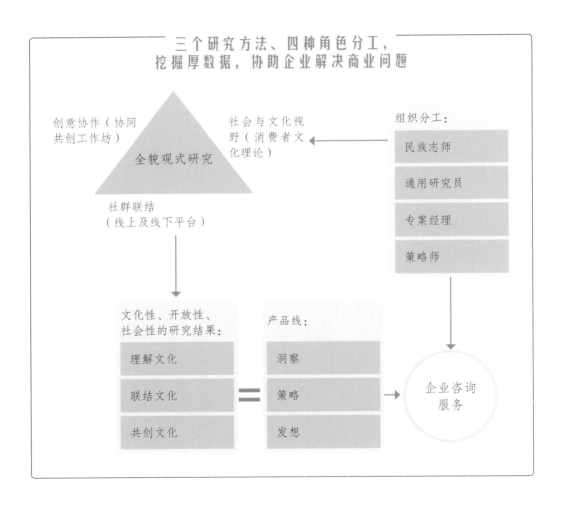

三个研究方法、四种角色分工，
挖掘厚数据，协助企业解决商业问题

创意协作（协同共创工作坊）　社会与文化视野（消费者文化理论）

全貌观式研究

社群联结（线上及线下平台）

组织分工：

民族志师

通用研究员

专案经理

策略师

文化性、开放性、社会性的研究结果：

理解文化

联结文化

共创文化

产品线：

洞察

策略

发想

企业咨询服务

（co-creation workshop），让他们成为青年志和企业合作过程中的一部分。

"第三个核心是'社群的联结'（community connection），运用'开放青年志''青公馆'的平台去联结社群，建立我们自己的枢纽位置（hub）。不管是在线上还是线下，直接生活在青年文化生态之中，为这个生态做贡献，很自然地也能得到社群的反馈。我们用这三个核心去支持研究，因此我们的研究始终处于非常具有文化性、开放性与社会性的状态。"

张安定特别打造了一个属于青年的媒体"开放青年志"（Open Youthology），实时在线分享调查研究所发现的青年文化趋势。"青年志"成立之初就开始发表《中国青年趋势》，提出了新公民、新国人、新极客、新娱乐与新生活五个面向。至今，青年志固定每个月、每个季度提出文化趋势报告，每月发表从社群媒体与田野调查整理出来的"青年文化趋势指标"，以掌握最新的青年文化脉动，为青年发声。

扎实的研究以及对青年文化的敏感度，让"青年志"得以挖掘厚数据，展现全貌观式的研究能量！

挖掘厚数据，打效率组织战

"青年志"要在真实的商业竞争环境中存活，自然得有一套作战方式。这个竞争环境不单是指他们要与其他的市场调查公司比较，还需要考量到，企业的委托项目不像学院里的人类学研究可以慢慢来或是单打独斗。青年志需要组成有效率的团队，来完成研究项目。

青年志的每一个研究项目组包括 3—4 个人，分别是：

● 民族志师（ethnologists），直接进入田野面对调查对象。

● 通用研究员（general researcher），在公司内部负责协助与支持研究。

● 项目经理（project manager），负责和企业对接与策划研究方案。

● 策略师（strategist），将洞见转译为企业可用的创意提案。

这些人怎么合作呢？张安定举例说明："我们接了可口可乐'二次元文化'的项目，研究动画、漫画、游戏、虚拟世界的文化。我们的民族志师本身特别了解这个文化，跟各个社群的联结非常好，可以直接做田野。比较之下，我不是最熟悉这个文化，但我是这个计划的策略师。首先，我跟项目经理一起去和客户界定商业目标与挑战，然后将这些转换成聚焦的研究目标，并且以具有针对性的学术架构确保研究的高效率。团队做完调查后，我必须确保研究获得的重要洞察（insights）都可以被转译为商业问题的答案。"

张安定特别强调了这个过程中"策略师"的位置，这其实是因为业务需要不断被强化的角色，从中也能看到张安定想要让"文化"研究的成果，有更清楚的战略位置。

"对商业来说，好的研究是什么？从来都是'能更好地回答商业问题'的研究才叫好的研究。因为关于青年、关于任何一个文化议题，你有无数答案可以呈现，所以策略师在这当中非常重要——如何去判断怎么做研究？要呈现哪个角度？要如何解决商业问题？这些都是策略师要思考的。"

青年志的团队成员也因为这份工作，对生命与生活有了不同的想法：

"所有人都觉得，透过人类学田野调查的方法，不管是做商业还是非商业项目，最大收益是，因为你在反观身边的同龄人和这个世界，所以你对自己的人生有了更深刻的理解和判断。这是人类学给人带来的最好的收获。你可以译码身边的事、人的想法、意识形态和行为，你获得了一个同理心或是旁观者的角色，你去理解自己、他人和世界，然后这些反过来帮助你在这个混乱的世界里面去建立你自己的生命认同（life identity），这多好啊！"

图 5-5

图 5-6

图 5-7

图 5-5
"黄油青年会议"邀请"百工"跟
年轻人分享逐梦故事。

图 5-6—图 5-8
张安定认为像人类学家一样地去
认识青年就能一直青春。

图 5-8

青年研究好生意：洞察、策略、发想

基于研究青年的专业领域，并随着市场过去 7 年的变化不断做出调整，青年志目前发展出的产品线有洞察、策略和发想三个部分。张安定解释：

"青年志的产品线有三块：洞察、策略、发想（insights、strategy、ideation），也就是从理解（understanding）文化、联结（connecting）文化到共创（co-creating）文化的完整流程。可以简单理解成：洞察是帮客户去理解文化来获得洞见，策略是协助品牌与产品找到最有效的路径来联结到文化，发想是跟客户和消费者一起共同创造文化，一起创造出某种真正进入到文化生活里面的东西。"具体来说：

● "洞见"其实就像是直接的人类学产品。当企业需要理解某个文化现象背后的意义时，青年志可以提供洞见，协助企业认识市场的变化。例如，他们曾协助腾讯理解粉丝文化，也曾帮其他企业熟悉现在中国愈来愈流行的派对文化。

● "策略"产品则集中解决商业挑战，即在研究的基础上，帮助合作的企业找到品牌定位，制定营销策略、沟通策略、产品创新策略。

● "发想"是青年志的第三类产品，主要协助企业找到创新的切入点，在研究的基础上，通过执行设计思考，针对消费者真正未被满足的需求发展创意，进而促使超越竞争者的"破坏式创新"产生。

在张安定看起来，这三项提供给企业的服务其实不能切割。这也反映出青年志真正要做的不仅仅是市场调查而已，而是协助企业发展出适合的"文化战略"。这类策略服务项目在公司业务项目中的比例也确实愈来愈高。张安定举了和厨具品牌"苏泊尔"合作的项目作为例子。

企业要创新，先问对文化性问题

苏泊尔是全球第二、中国最大的炊具生产品牌，正在发展智能厨具的创新。尽管这家企业有自己专门的创新中心与产品研发团队，但却发现不管怎么跟消费者接触、问消费者问题，内部所形成的创新方法始终发挥不了作用，最后导致创新的区间愈来愈小。他们也去观察消费者做饭这种事情，并反复地问"你们的'痛点'是什么？""你们的'未满足需求'是什么？"但发现围绕这些问题与功能上的考虑，能够产出的创新愈来愈少、愈来愈重复，而且很容易被竞争对手复制。在这样的情况下，他们找到了青年志。

在对苏泊尔进行了初步了解之后，张安定没有把问题锁定在"厨具"上，而是想要协助这家企业去理解当代中国青年"做饭"的文化样貌及其正在发生的变化。

"其实，更重要的是你要理解现在'做饭'的文化变化，你不理解'吃饭''做饭'的文化的变化，你就无法理解你的厨具和服务在整个做饭、吃饭的文化里可以派上什么用场。"

那么，青年志的研究团队在做完田野调查之后看到了什么呢？

"在中国，'回家吃饭'成为了一个新的浪潮，是一个文化趋势。那么，我们怎么理解回家吃饭这件事情？是从'食物安全'的角度吗？还是从跟家庭的联结这个角度？'家'在整个生活形态中又是一个什么样的角色？家是让年轻人'坐下来'吃饭的地方吗？吃饭本身的意义有变化吗？这里面真正的"紧张"（tension）是什么？"

青年志的项目团队和客户一起开工作坊，邀请有创意的青年消费者，基于文化方面的紧张点，一起设计解决方案，形成创新的概念。

许多人类学家才会问的文化性问题，在张安定看来不仅有学术上的意义，更指引了企业在创新策略上的方向。善用这种"人类学思考"，不仅能帮助青年志本身推动青年研究，还能帮助企业在当代中国青年的消费地图中找到更加清晰的定位。张安定分析，整个中国，甚至是全球的商业确实已经进入了一个文化驱动的时代，虽然科技引导着时代的发展，但科技也需要在正确的文化脉络里才能体现出创新性，可能未来十多年都会是文化发挥力量的时期。面对这样的时代，只有问对"文化性"的问题，才能制定出有效的文化策略。

当个"日常人类学家"去看世界

跟着自己的兴趣走，将自己对青春的想象以及对人类学的爱好结合在工作之中，张安定希望"青年志"的存在能对中国的年轻一代有一个示范作用，希望它成为一个具有启发性的品牌。

"我们团队的愿景包括启发中国的年轻人，激发他们寻找自己的可能性，不然我的研究就没有什么社会影响力，除了商业影响力之外就没有什么价值了。"张安定说。

很多年轻人在参与过"青年志"的活动后，看到张安定与他的伙伴们跟自己年纪差距不大，但能坚持做自己喜欢的事，同时还能让自己在商业世界存活下来，并且又有社会影响力，都非常感动。

现在，张安定自己已经成为父亲，更青春的"90后"正逐渐成为中国消费市场上的新兴主力。那么，该怎么面对这样一个离自己的年纪愈来愈远的市场呢？又该怎么经营"青年志"的品牌，维持它研究青年的战力？

张安定认为还是要回到人类学家的角色。因为人类学的研究强调"比较观点"，当自己的团队已经牢牢掌握住了对"80后"的理解，便更能在对照之下，看到新一代年轻人的流行偏好与行为方式，也更容易把握流行现象背后的意义。更重要的是，必须认识到对青年开放的重要性，不要去否定更年轻的这一代人所带来的新想法、新行为，充满热情地和最前端的一群人站在一起，要像一个人类学家一样去认识不断变化的世界。

"人类学是我和世界相处的一种方式。这个方式就是抱有同理心地去好奇、去理解不同的现象，然后你会对你的发现非常惊喜，并且很愿意分享这些新发现给不同的人。我觉得这不就是人类学家吗？所以我们也在讲，应该去做'日常人类学家'，每一天、每一刻都有太多新鲜事等待你去观察、去挖掘。我还是特别喜欢格尔茨说的'意义之网'（web of meaning），只有你每天不停地去观察、不停地去译码、不停地去分享，你才会看到世界的变化，看到自己的变化和可能！这就是你和世界相处的方式！"

可以这么说，张安定将"人类学"与"青春"画上了等号。因为青春，所以充满了对世界的好奇心，更有无限的可能性。而张安定对人类学的热爱，让他永保年轻，让我们看到，人类学就是青春的代名词。

挖掘厚数据

商业、管理与人类学

　　商业与管理都需要涉及人的方面，人的偏好与习惯决定了市场的大小，管理直接构成了企业的组织文化，这些与人类学家关心的文化议题有密切关系，人类学的研究方法也可以对企业的经营有所助益。

● 以文化能力切入组织管理

　　关于直接的组织管理，知名商业人类学家田广（Robert Tian）曾在一个商业人类学博客中提到，管理原则决定了人的行为，塑造了一个组织的文化。人类学者往往能在组织中察觉到其真实的运作状况，提供管理者更直接的组织管理建议。另外，随着公司逐渐发展成为"国际企业"，管理阶层开始面对更加复杂的人力资源问题，就更需要有文化能力（cultural competence）来处理母公司文化与当地文化之间的相互适应与互动。

　　近年来，人类学家推广的"全球在地化"（glocalization）概念也被管理学界引用，强调跨国公司在发展全球事业的同时，更应该注意到在地的文化与社会原则，这样才能使管理更加有效。

● 借田野调查促成研发突破

在跨国企业的市场拓展与产品研发上，更容易看到人类学方法的效益。商业策略顾问詹恩·奇普切斯（Jan Chipchase）运用人类学方法协助诺基亚电信到非洲、中国等地去探索当地的电信消费习惯，并且依此来提供商品设计的建议，相关的经验与方法可见其著作《观察的力量》（*Hidden in Plain Sight*）一书。

ReD 联合顾问公司同样强调运用人类学的方法来帮助他们的客户。在《大卖场里的人类学家》一书中可以看到这家公司如何运用田野调查的方式协助乐高积木公司深入理解儿童世界里"玩"的意义。他们也用同样的策略帮助三星公司重新发掘"电视"在现代人家中的装饰性功能，进而推动了新款电视的设计。

锻炼你的人类学之眼

通过仪式
RITE OF PASSAGE

　　标示着从某个社会地位转换到另外一个，或从某个生命阶段转变到另一个阶段的仪式。

中介
LIMINALITY

　　处在两个社会角色转换过程之中的模糊阶段。

导入消费者服务流程的仪式，可见于原始部族的成年礼

　　在维克多·特纳（Victor Turner）的《象征之林》（*The Forest of Symbols*）这本民族志中，恩登布人（Ndembu）穆乔纳描述了当地的割礼"穆坎达"的进行过程：

　　"在拂晓时分，我们把图迪乌（当地食物）放进所得恩芬达篮子里，我们带着恩芬达。

当太阳露出头来，这些新入会者已经吃完了他们的食物。他们挑选一个穆坎达地点，带着鼓、恩芬达篮子和勒瓦卢篮子。当他们挑选好（一个地点），他们就开始（为新入会者）做准备，他们放下所有的恩芬达篮子，两个或一个，或三个或四个，将它们放进勒瓦卢篮子里，固定在勒瓦卢篮子里的箭上。他们把恩芬达和勒瓦卢往后拖。

　　剩下那些要施行割礼的人，会去寻找适合他们拖向的地方，并且到达穆坎达。他们说：'这个地方适合，是人们来到的地方。'这个地方就是死亡的处所，这里有穆迪树。'把孩子们带过来吧，卡姆班吉是第一个要被杀的，在死亡之地，然后是姆万塔瓦穆坎达，然后是卡瑟兰坦达。'接着，他们割除了所有的孩子（的包皮）。"

　　人类社会有很多仪式，其中代表着人生各个阶段过渡的"通过仪式"非常普遍。社会学家阿诺德·范·葛内普（Arnold van Gennep）指出，这样的通过仪式有清楚的三个段落：分隔脱离、隔离边缘、回归整合。而人类学家维克多·特纳特别注意到了在这样的过程中，人所处的"中介状态"的特性。特纳在1950—1954年这4年之间，进入恩登布族做民族志田野调查，在尼亚卢哈纳村记录了上述那样一个成长仪式：割礼。村子里的年轻男子都必须通过这个仪式，之后，男孩才算成为男人，才可以进入成年男人会社里的种种活动，不管是仪式性的还是经济性的。

　　割礼仪式本身虽然只有三天，但几乎动员了整个尼亚卢哈纳村的人，不管是准备要接受割礼的男孩、男孩的家人们，还是仪式的执行者们。在这个时期，每个人都异常紧张，生怕一不小心触犯了禁忌。

　　除了三天的割礼，男孩们其实还有两个月的隔离期。在这段时间，他们不能住在原本的屋子，需要到村子外围的隔离小屋居住。同时，女性与以前的入会新人都不可以进入这块地方，触犯了禁忌，会得疯病或遭遇种种不幸。

　　特纳指出，在这样一个成年礼中（或是在任何的中介仪式当中），那些恩登布男子被隔离，被安置在不被人看见的黑暗之中，失去了可以识别他们社会属性或是阶级的符号。从社会结构的角度来看，正在通过这个成年礼的男子正是无法识别的一群人，处在一个模棱两可、无可名状的阶段，他们既非孩子，又还不是真正被社会认可的成人。在这样一个模糊的阶段里，许多象征的力量，也就是物件、动作，进入正在经历仪式的人的身体中，协助他们转换自己的社会身份，也被社会认可他们身份上的转换。

✔ 思考

我们日常生活之中有没有哪些活动属于"通过仪式"？在这些仪式的前后，参加者的社会角色有了什么样的变化？

承上题，在这些"通过仪式"之中，当参加者经历过"中介性"的阶段，有哪些特殊行为或是物件带领他们完成社会角色的转变？

参考书目：

Victor Turner, *The Forest of Symbols: Aspects of Ndembu Ritual*. Ithaca, New York: Cornell University, 1967.

Victor Turner, *The Ritual Process: Structure and Anti-Structure*. New York: Aldine de Gruyter, 1969.

第六章

林承毅：
参与式观察，创新
服务设计

在服务设计领域，擅长田野调查的人类学家犹如侦探福尔摩斯。他们通过消费者访谈和行为观察，找出脉络，通盘检验，往往能从不经意的线索中得到新的洞见，提升服务价值。

人类学的训练与人文素养是能为从事顾问行业的人加分的核心能力。

"**仔**细看！这很有趣，这是日据时期的分驻所建筑，现在换了一个用途。"

如果林承毅不开口，你会以为他是不折不扣的日本人，因为在他身上可以看到丰富的日本细节，像是设计过的烫卷长头发、潮T、认真配色过的猎装外套与休闲鞋，活脱脱是从日本男性时装杂志走出来的型男。但一跟他聊起来，你就会发现在潮炫的外表之下，他其实具有敏锐的观察能力，在历史地理知识领域有丰厚的素养，更有对人类学满满的热情。

目前，林承毅在自己创立的服务设计工作室工作。在这之前，他在台湾地区的"中国生产力中心"担任服务设计顾问，协助与台湾经济事务主管部门合作的民间厂商用人类学的方法研究消费者，帮助厂商研发商品并发展出更好的服务。

田野启蒙：追踪庙会仪式

"有趣"是和林承毅对谈时最常听到的词汇，他对这世界拥有无止境的好奇心，总是在生活周遭找寻有趣的事物，让人想起史蒂夫·乔布斯那句名言："Stay Hungry, Stay Foolish."（求知若饥，虚心若愚。）

林承毅的人类学学习历程或许一点也不正统，却充满了热血追寻的故事。他在大学时期念的是逢甲大学统计学系，虽然人在商学院，却一点也克制不了他对台湾民俗的好奇心。最早开始跑田野是大学三年级的时候，趁着

百工里的人类学家

林承毅："人类学家具有'观察力'上的优势。因为有田野调查与民族志理论训练的缘故，他往往可以从一些别人看不到的轨迹里面发现新的创新点。这是人类学家最有价值的地方。"
● 林事务所服务设计师、台北路上观察学会会长，善于使用日本人类学家川喜田二郎发明的思考与问题解决技巧"KJ法"
● 长期于顾问行业担任人类学家暨创新服务顾问，兼任大学讲师
● 酷青发声（人类学家一眼入魂）、VIDE创志（体验服务创新）、联合报鸣人堂、经理人等媒体平台专栏作家
● 英国史德林大学MBA、台北大学民俗艺术与文化资产所硕士

下课去鹿港地区三家王爷庙宇"暗访"，看着神明与阵头在夜里穿梭邻里巷弄，护祐乡民。

"鹿港的暗访其实很少有外人来参加，一开始我就是默默在旁边，去了多次以后，开始认识一些庙方与阵头的人，他们邀请我一起参加之后的活动。后来有很长一段时间会接到邀约电话，我安排好自己的时间，实际进到他们的场域里去，和他们一起完成所有活动。"

"追着庙会跑"占据了林承毅大三、大四的很多时间。随着对庙会的认识越来越深，他也逐渐对"台湾学"与"台湾史"产生了更为浓厚的兴趣，希望从中认识"庙"在台湾地区庶民文化中的定位。林承毅说，台湾传统庙会中保留了过去的庶民记忆与重要的文化传承。他在庙埕里看到了台湾历史的演进，也在庙会中看到了最生猛的文化活力。

到后来林承毅才意识到，人类学家就是用这种方式来进行研究，他也深深感受到了进出田野现场的过程中"身份转换"的魅力："这是人类学最有趣的地方——你会从一个圈外人（outsider）变成圈内人（insider）。"

人类学家的五感体验

毕业后，因为对汉人民俗仪式的兴趣，林承毅进入了台北大学民俗艺术研究所。

"我原本是商学院的背景，进入民俗艺术研究所，就像刘姥姥进大观园！"在研究所上的课程内容非常广泛，戏剧、工艺、舞蹈、信仰、文化与庶民史等都包含其中。那段时间，林承毅积极参加各地与民俗相关的研讨会，吸收最新的研究成果，此外，他也几乎跑遍了台北大大小小的庙会。

直到研究所二年级上了林美容老师的"文化人类学"课程，林承毅才算是真正开始了人类学的学术学习，开始大量阅读人类学民族志与相关理论。而出于自己对于"仪式"的兴趣，林承毅在学术的阅读上偏好宗教人类学或是与仪式相关的研究。

林承毅为了撰写硕士论文《澎湖宫庙小法操营结戒仪式之研究》，在澎湖生活了一年，还在指导教授吴永猛的引荐下拜师学习做"小法师"，拥有了一个"道士"的秘密身份。"小法师"是道教传入澎湖之后发展出来的在地支派，体现了澎湖地区宗教信仰的特色，是目前台湾地区道教研究的重点之一。

那一段离岛生活的日子，林承毅除了要适应当地环境，也跟着法师们一起学习乐器、仪式等。这些都让他对台湾地区的民俗有了更深刻的体认："澎湖的田野经验让我学习到了非常多。被丢到一个陌生的地方，让你把五感全都打开，通过与当地人的互动，去反思当地人行为背后的深层意涵是什么。"

将人类学技巧应用于职场观察

研究所毕业之后，林承毅进入诚品书店工作，一待四年。受过人类学训练的他很自然地在不同部门中，试着用人类学的角度来观察与思考"书店里的读者"。

"当年在书店工作，我的自我定位是在做社会教育推广以及消费人类学观察。那时每天收新书、快读新书，开始思考如何能将一天收到的30—60本新书排放到桌上？如何选书？如何陈列？这些牵涉到策展的技巧。我还会观察消费者走进诚品后怎么在书店里逛？怎么拿书？每个人和他读的书又有什么关系？"

林承毅发觉，人类学其实并非如人们所想的那么孤高，而是能真实应用在理解读者，为读者提供所需要的服务之上的。因为曾经接受过人类学的训练，林承毅逐渐形成了对消费者的想象，随着经验累积，这个想象也越来越具体。

研究威士忌的消费者行为

在书店工作期间，林承毅请了长假到英国自助旅行三周。那次旅行让他体会到了英伦文化的魅力。因此，当再次进修的机会出现时，他选择了去苏格兰的史德林大学（University of Stirling）攻读 MBA，主要关注的是"消费者行为"。

"以前的消费者行为学研究比较偏向量化的思维方式，但现在西方正在改变，主张要了解消费者行为，除了关注量化的数字，还要面对面地去观察消费者的购买行为，这样才能明确知道消费者要的是什么。"林承毅对于如何将心理学、人类学等社会科学的方法应用在对"消费者"的理解上并设计出好的商品与服务有了更深的体会。

进修期间，林承毅主要研究的是苏格兰威士忌的消费，并将企业管理硕士论文的视角拉回了台湾地区，想要进一步理解：同一种酒到了台湾地区，酒商、消费者对酒为何会有不一样的想法与态度？

林承毅主动走近苏格兰的风土，到各个酒厂去了解威士忌的制作过程，并从生活中观察苏格兰人如何饮用这号称"生命之水"的酒精饮料。他也观察台湾民众如何"思考"、如何"喝"威士忌，试着还原苏格兰威士忌在台湾地区的在地意义："在台湾，现在喝威士忌非常夯，不光是喝调酒，纯饮的人也非常多。大概 30 岁到 50 岁的中产阶级，为了表达他的品位，就会开始喝威士忌。"他参加了不少威士忌社群，发现大家会喝单一麦芽威士忌，这是比较贵的威士忌，也比较有个性。

　　林承毅也发现，在苏格兰，威士忌是生活中的饮料，所以人们不会太在意"年份"，一般是喝 3 年至 5 年的。而在台湾地区，没有 12 年是端不上台面的。"所以苏格兰人常跟我说：'你们好有钱，都喝 12 年的。'我跟他们解释，在你们这里威士忌是 life drink，是生命之水，但在台湾它是庆祝用的，是拿来和特别的朋友分享的，必须把最好的东西端出来。"同样的威士忌，在两地的文化意涵完全不同，形成了不同的威士忌消费行为。

人类学家在商业顾问行业，发挥差异性优势

　　后来，林承毅加入了"中国生产力中心"，担任中小企业的服务与商品顾问，帮助传统企业了解当前顾客的需求，据以发展出新的商品与服务模式。在他看来，之前的人类学训练、书店工作、苏格兰威士忌研究的经验看似杂乱，却是他不可取代的优势：

　　"就顾问行业来讲，如果你有多元的背景，就具有了独特性，可以与其他人有所区别。在我服务的公司里，只有我有人文背景，其他人都是商业管理背景，所以我们看事情的角度、做案子的方法就会有区别。我觉得人类学家进入实际的工作场域后，其实可以在各行各业发挥力量，展现出你的差异性。"

　　在林承毅眼中，台湾地区的中小企业往往都有很先进的技术，能够制造出很不错的产品，但长久以来的代工文化让企业主在发展自己的品牌时缺少对在地消费者长期的研究，因此无法设计出真正能打动消费者的商品。而要了解消费者，特别是当市面上还没有出现过类似产品或没有参考对象的时候，他的"人类学底子"就派上了用场。

　　对待每个合作项目，林承毅都是先用自己的田野观察协助客户发展设计概念，在有了"原型产品"（prototype）之后，便拿去给目标客户群（target

图 6-1

图 6-2

图 6-3

图 6-1
林承毅在台湾中山大学带领设计思考营
活动。

图 6-2
人类学家善于掌握人的五感经验,具有
"见人所不见,察人所不察"的观察力
优势,能够洞悉消费者的真正需求。(图
片来源:台北路上观察学会脸书)

图 6-3
打开五感去体验、去观察,是锻炼人类
学家之眼的法门之一。

图 6-4
多观察生活周遭的服务设计能刺激反思
与创新能力。

图 6-4

audience）使用，再根据他们的反馈与评价进行修改。这听起来很像所有商品开发都会经历的过程，但从他执行研究的细节里，可以看出人类学家是多么尽其所能地追求对"人"的理解。

例如，他负责的一个案子需协助生产医疗人工皮的厂商研发出合适的"护足贴"商品，还特别锁定是为"女性上班族"来设计。因为开发者多为男性，对年轻女性很不了解，公司里也没有年轻女性，所以林承毅运用人类学的方式，带领相关人员进入年轻女性的生活脉络，理解她们真正的需求。

"我们设定目标客户群后，访谈了护士、空姐、活动主持人等一些足部用得很剧烈的女性工作者，了解她们的情况。除了访谈之外，人类学家另一个很厉害的工具是'行为观察'。因为要进行粉领族研究，我会花很多时间，像'背后灵'一样，去观察女生在做什么事情。"

为什么要这样做研究？"因为，第一，我不是女生；第二，我不知道现在的年轻女生的想法是怎样的。访谈是从对方讲的话去了解她，但你还必须从行为面去做验证，才会是一个具有全面性的研究方法。我们会去试穿不同类型的女生鞋子，如护士的鞋子、柜姐的鞋子等，这样才能做到换位思考，才能对研究产出意义。"

为了这个计划，林承毅自己也穿上高跟鞋走路，亲自感受脚跟与鞋子摩擦的状况，然后根据自己的感受提供建议。"粉领族穿高跟鞋常会磨脚，护脚贴是要让她们走路时更舒适。以前护脚贴不普遍时，很多人会用 OK 绷，可是黏性不够，走路会松脱。新产品是用人工皮做的，所以，第一，服帖感很好；第二，保水性很好；第三，它能完全贴合在脚后跟上，而不是黏在鞋子上。"林承毅说明。

正因为做了田野调查，真正去向职业女性们请教，林承毅才真的知道如何向客户提供建议，进而利用材料的特质与技术的优势，发展出满足目标客户群需求的商品。

蹲点调查：找出老人真正的需求

在"中国生产力中心"的这段时间，林承毅最重要也最为津津乐道的成绩是协助一间民营老年安养机构改善服务流程。

"如果没有人类学式的蹲点调查，就看不到这些老人们最重要的需求！"林承毅说。

他带着元智大学学生在安养机构里"蹲点"，走进老人家们实际的生活场域做参与观察，访谈老人家，听他们诉说生活点滴。慢慢地，团队有了很多有趣的发现。比如说，林承毅意识到，大部分人都把"老人"视为同质性的群体，没有好好思考过安养机构虽然是一个老人们的社区，但在这个群体中还有实质上的年龄差距。

"在传统的观念当中，我们都只把老人当成老人。透过人类学式的观察，

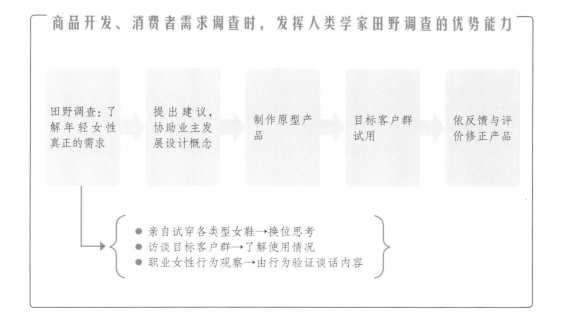

才会发现每个年龄层的老人的行为都是很不一样的，60 岁、80 岁、90 岁……他们的体能、需求、想要做的事情都不一样；再加上他们有不同背景，有些经历过战乱，有些成长于日据时代的台湾，这些脉络反映到现实情况时，会呈现出很大差异，也会产生不同的服务需求。"

林承毅也发现了一些过去从来没有想到过的事情。例如，我们常常把老人看成是"无性"的一群人，忽略了他们其实也在寻求亲密关系，或是相互的依赖。

"老人家也有社交需求，需要谈恋爱。机构里的餐厅就是八卦最多的地方，也是大家互相观察的地方。很多对彼此有好感的、在暧昧中的老人家，其实会避免一起出现在餐厅里。因为只要一起去餐厅，其他的老人就会传言说'谁谁谁和谁谁谁在一起'，就像小孩子们一样！"他分享道。

换言之，一个理想的老人安养机构，绝对不能把长辈们看成是暮气沉沉等着走向人生终点的一群人，而应该考量到他们实际的社交需求与生理需求，做出理想的空间规划。林承毅将这些田野观察得到的资料，最终转换成了帮助机构提升服务的洞见。

"例如，老人家很希望有人陪他们聊天。所以在安养机构里的工作人员工作压力很大，不仅要完成自己例行性的工作，还要负责照顾老人家的情绪。"针对这个问题，林承毅注意到老人家都非常期待在机构的公共空间里和其他老人分享周末与儿孙辈出游的相片，因此建议，在大厅设计一面电视墙来播放相片，不仅增加了老人们的生活乐趣，还能分散其注意力，进而减轻工作人员的负担。

这样的设计听起来很简单，但也正因为太过简单而往往被忽略。如果不是通过田野调查，并且有意识地从中做全盘性检验、找寻服务提升的可能性，这样细小却可以产生很大影响的改变，或许就不会发生。

了解"人"，是人类学家对服务设计的最大价值

台湾地区的服务产业与服务设计发展至今，虽然相当强调"消费者研究"的重要性，但人类学似乎还没得到重视。整体来说，能在服务业发挥人类学专业特长的人并不多，在林承毅眼中，这是危机也是转机。

"人类学的民族志田野调查，在服务设计中会是一个很核心的方法，通过它可以看见现象背后的意义，从人的行为与言语当中找到脉络，这对服务设计来讲是很重要的，也是人类学学科未来应用上的一个很重要的能力。"

林承毅认为，拥有这样的观察力，人类学家将可以扮演桥梁的角色，在不同的场域发挥人类学的影响力，只要你对人有好奇心，除了本身有人类学的训练外，又对商业有敏锐度，要转换到其他领域是非常容易的。"而且，我觉得人类学家有一个核心的能力，就是和不同族群的人 co-work（共同合作），而在服务领域，很容易就能发挥出这样的角色功能。人类学家会让你的事业更有价值！"

把"仪式"概念导入服务设计

眼下，我们看到了很多设计师或是商业顾问在推动服务设计，人类学家投入这个领域会带来什么改变？人类学家来做服务设计的优势又在哪里？林承毅以自己为例：

"我本来做的是'仪式研究'，维克多·特纳与许多人类学大师的著作对我的影响很大。现在，我正尝试把'仪式'这个概念摆入'服务设计'里面。因为整个服务的产生过程中有一个'流'的状况，那个'流'要怎么展开？跟我们过去学的宗教仪式是一样的道理，像苹果计算机就把宗教仪式的概念

运用在了销售服务上。"

林承毅说的"流",指的是要把消费者导入设计过的"服务流程"之中。对他来说,把消费者带入这个流程里,应该要像是宗教场合"召唤"信徒进入一场"仪式"一样。要先让消费者脱离原本的生活脉络,进入被服务的情境里,然后再带着设计过的经验与体会回到原本的生活之中。

"人类学家最大的价值在于,他未必对每一个产业都了解,但他了解'人',了解人潜在的需求,所以可以站在一个更客观的立场去协助厂商设计产品,可以站在"人"与消费者的角度带给厂商不一样的思维。因

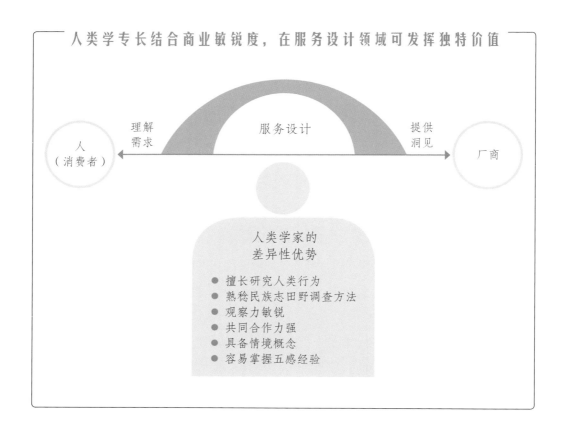

为厂商想的永远是他的产品要怎么卖，却常常忘记了人的需求是什么。"

　　林承毅特别强调人类学家拥有"观察力"的优势，因为有田野调查与民族志理论的训练，人类学家往往能"见人所不见，察人所不察"。他分析，人类学家的观察能力来自于民族志的训练，因为会到一个地方做很深入的蹲点，相对比较容易去掌握人的五感经验；此外，和单纯学设计的人相比，人类学家比较重视情境（scenario）的概念，而设计师比较注重产品本身，较少关注产品在实际的情境中如何被使用。

　　"人类学家最大的价值是他对人的行为的敏锐度，这是其他学科所不具备的。在田野活动当中，人类学家往往能从一些不经意的线索中发现新的洞见。像侦探福尔摩斯一样，他们往往可以从一些别人看不到的轨迹里面，发现新的创新点。"

　　曾有人形容林承毅是"闲散的浪漫，又能深刻的观察……表现上看起来很温和，但骨子里是个革命分子"。这样一位温柔地革命的人类学家，正在以行动揭橥人类学跨界商业、走进日常生活的独特价值与潜在能量。

路上观察学

2014 年，林承毅在脸书上成立了"路上观察研修会"，希望能推动"在路上的观察"，随时关注日常生活中设计与人的关系，让"走在路上"这件事焕发出了一番趣味与深度。"路上观察学是三十几年前一些日本的建筑师与艺术家发展出来的，他们认为在路上有很多看起来无用的设计，但却可以激发人的想象力。而且，'观察'是人类学家的天赋，也是一项具有差异性的能力。设计顾问公司 IDEO 的创办人汤姆·凯利说过：'观察是创新的

细腻观察，就能在路上捕捉到城市隐藏的线索和趣味。
图片来源：台北路上观察学会脸书

原点。'如果我们能带动大家去重视'观察'这件事，能把它弄得很有趣，让大家愿意离开办公室，走到真实的街上去看人类的行为与生活，也就能从中找出趣味、得到洞见。这就是观察的价值。"

● 借"路上观察"磨炼对日常空间的敏锐度

　　林承毅办网聚、办"路上观察探险队"，用有趣的活动带领队员一起探索大稻埕、青山宫、老台北城等地，观察这些地方的物质文化以回顾台湾的历史，并让他们用团队竞赛的方式，分享各自对周遭生活的观察。

　　"路上观察"是林承毅日常生活的一部分，成为了他不断磨炼自己"敏锐度"的法门。而参与"路上观察探险队"的队员们，更因为林承毅对台湾史地民俗的熟悉，以及他人类学家敏锐的观察力，大大提升了对日常生活空间的感受力。"现在日本每个大城市都有自己的路上观察学会，用来捕捉城市里常被人遗忘的细节。"林承毅也希望这样的日常细腻观察能在台湾生根，从台北、台南慢慢推广到其他城市。

挖掘厚数据

服务设计与人类学

　　IDEO 公司的创办人汤姆·凯利把"人类学家"列在十种有助于发展创新的人才的首位，因为在他看来，不管是商品设计还是服务设计，都需要回到以"人"为核心。而以"人"为主要研究对象的人类学家，具有极佳的观察能力，并能从观察经验中发觉需求、产生洞见，最能够协助发展创新。事实上，在世界各地，已经有非常多的人类学家投入了设计领域，其中最直接与人相关的"服务设计"，自然也成为人类学家们发挥专业能力的新天地。

● **透过人类学式的观察研究来发展"使用者旅程"**

　　在工作方法上，这些"服务设计人类学家"都强调把"设计思考"过程中的观察阶段，用来开展人类学家的田野调查工作。美国服务设计人类学家阿莫妮雅·阿莫雷多（Armonía Alvarado）认为人类学对设计思考的帮助有下列几项。

　　首先，人类学奠基在直接的观察与田野调查之上，而不是第二手的调查资料。其次，人类学强调人类的多样性或特殊性，对辨别出创新机会与提出有用的模型非常有帮助。第三，人类学的一个重要目的是去了解人们做决定的动机是什么，因此能够引导且告知如何在设计之中满足使用者。第四，人类学家对研究对象抱持同理心，不去做价值判断，而是去理解他们。

目前，许多服务设计公司都强调可以透过人类学式的观察研究来发展"使用者旅程"，即透过长时间的观察得到资料，并且归纳使用者体验"服务"的详细流程，从中发现问题。

另外，学者塞格尔斯特伦（Fabian Segelström）、瑞吉麦克斯（Bas Raijmakers）和 霍姆立德（Stefan Holmlid）也曾强调，应该回到人类学的强项"民族志式的田野调查"，让研究者真的进入研究对象的生活中，发展出比较完整的民族志，再以此作为服务创新的参考。

从以上案例中可以看到，人类学在服务设计行业扮演着越来越重要的角色。

之二

社会设计的人类学

实践社会关怀，打造以人为本的创新！

锻炼你的人类学之眼

交换
EXCHANGE

交换，是人类获取资源的一种方式，一般来说有市场原则、再分配、互惠三种形式。

互惠
RECIPROCITY

互惠，或称相互关系，指的是一群社会对等单位之间的交换，这些单位大多是借由亲属、婚姻或是其他紧密的个人联结而产生关系。这样的互惠关系在平权社会尤为重要。不同的社会对"为何互惠""如何互惠"会有自己的文化性诠释。

想改变一个社会里的相互关系，就先改变社会成员进行交换的过程

在人类众多的经济活动类型之中，"礼物经济"显得非常特别。首先，这样的经济模式并非以满足生理性的生存需求为目的，而是

文化性与社会性的。其次，许多礼物经济相当违反人类的经济理性，有些地方发生一次性的礼物赠予便会花尽送礼人的所有积蓄，使之变得一贫如洗；即便如此，这样的赠予还是被视为必要的义务。

　　我们在现代社会也能看到类似的文化行为，这种社会单位之间的礼物交换往往奠基于人类社会的"相互关系"之上。法国人类学家牟斯（Marcel Mauss）爬梳各方民族志材料与历史材料，完成了经典著作《论礼物》（*Essai sur le don*，1950，英译本《礼物》〔*The Gift*〕）。牟斯发现，各民族的送礼行为有相似的行为结构。对于这些民族或个人来说，送礼属义务性，接受礼物也是义务，而接受礼物的人必须在一定时间内回赠等值或是更为丰富的礼物作为回报。这不仅在"给"和"受"之间形成了结构性的关系，也渗透到社会的经济、政治、宗教、道德等各层面。这个现象背后的原则，牟斯称为"全面性的偿付"（total presentation），即看似自愿性，实则由"赠予——接受——回礼"三个义务性环节构成的礼物交换行为。它让整个社会的人都一起卷入这样的交换过程中，而"物"一旦进入了这样的过程，便具有神圣性质，赠予物甚或分享了赠予者精神的一部分，进而推动了物的交换与移动。

　　以毛利人的"通嘎"（taonga）礼物为例，要理解毛利人这种礼物交换形式，就必须要理解"豪"（hau）的观念。对毛利人来说，"豪"就是东西的一种无形灵力，让人送礼出去之后，最终会收到回礼。当地人说："假设你有一件东西——通嘎，你把它免费送给我，我们不曾讨价还价，后来我又把这东西送给了别人。过一阵子，收我通嘎的人决定要用一件东西当成回报（utu），他就送我一件通嘎。现在我收到的通嘎，其实是源自你送给我的那件通嘎的'豪'。"对毛利人而言，"豪"会随着送礼的过程，附载于礼物之上，追随每一位礼物的主人。但是"豪"要回到它的出发地，要回到其成长的氏族。正因为有"豪"，通嘎能使一连串的使用者再创造出新的通嘎来还礼，可以是财货、商品、劳力等形式。更重要的是，价值更高的礼物可以使送礼者的权威与力量高于原先的送礼者，让原先的送礼者成为新的收礼者。在牟斯看来，"豪"的概念体系就是新西兰毛利人社群、财富、礼物、贡品等义务性交换、交流背后的原动力，带动了"全面性的偿付"。

类似的角度也可以用来解释为何美拉尼西亚地区的初步兰岛民对"库拉"（kula）交换如此投入。在该社会中，"库拉"牵涉到整个区域的婚姻、经济、宗教、道德各个层面，带动了交换的持续性进行。换个角度来讲，要去理解一个社会里的"相互关系"，除了要看社会成员进行交换的过程，也要从结构的角度切入，掌握现象背后的意义体系。

✔ 思考

在我们所处的华人社会，是否也有类似独特的"互惠性交换"？

我们在婚礼、节庆等场合所互赠的礼物，是否也符合"互惠性交换"的特征？是什么原因让我们愿意送礼、收礼与回礼？

参考书目：

Marcel Mauss, trans. Ian Cunnison, *The Gift: Forms and Functions of Exchange in Archaic Societies*. Glencoe, Ill.: Free Press, 1954.

第七章

邱星崴：
打造青年旅社，翻转
农村经济

邱星崴回到家乡苗栗创立老寮青年旅社，从社会运动中汲取经验，发挥人类学的研究精神与年轻人的创意，结合商业手法，把农村文化的价值转换为有经济实力的事业，使断层的农村重新与外界接轨，并且改变了当地社会内部的相互关系，进而串联出了更大的社会创新力量。

"**先**有'桂花巷'，才有桂花，南庄以前是没有桂花的。这一切都是巧合，只是因为街上有一家名为'桂花巷'的面店，老板很喜欢《桂花巷》这部电影。后来，做社区营造的长老教会教友也用这个名字成立了'桂花巷社区营造'，参加比赛还拿到绩优奖。然后游客就来啦！到处找不到桂花，所以南庄就开始种桂花！"

"南庄的桂花、北埔的擂茶、内湾的野姜花都一样，没有道理可言。因为我们是弱势，是山林边区，不会有自己的面孔，所以被任意涂写。在还没有营造桂花巷的 2002 年之前，南庄被称为'咖啡之乡'，因为这边以前有许多景观咖啡厅。有了桂花之后，桂花就无限地繁殖，再和现场制作的食品结合，就有了桂花香肠、桂花酒、桂花蛋卷，老街模式就出现'抓交替'……"

邱星崴带着游客，穿梭于苗栗南庄的吊桥、社区与"桂花巷"老街，一一解释南庄的发展历史，以及它是如何一步一步走向"观光化"的。

这群人进入了一栋三层楼的透天民宅，一边享用刚煮好的红豆汤，一边听邱星崴讲这栋建筑物的故事——这里就是"老寮青年旅社"（以下简称"老寮"），是邱星崴改变家乡苗栗的一个战场。老寮的位置在南庄老街旁、跨越中港溪的那座吊桥的另外一侧，虽然不是核心的商业区域，却拥有难得的僻静与清幽，被自然的美感环绕。

邱星崴其实不是南庄人，而是附近的大南埔子弟，就像很多乡下孩子一样，很小就被送去城里读书，以优异的成绩毕业于台湾大学社会学系和台湾"清华大学"人类学研究所。他大三那年回到故乡做田野调查，发觉自己对生长的土地是如此陌生，而童年在水坝边与田里玩耍的回忆也正逐渐被工业化与都市化的力量侵蚀，这促使他开始投入大南埔与邻近地区的社区营造工作。

百工里的人类学家

邱星崴："要深入自己的家乡，得用人类学的方法才行！……在农村里创新与创业，必须善用人类学的方法观察、得到全貌观的理解，在此基础上挖掘、深耕在地文化，才有机会累积人脉、回馈在地，形成正向循环。"
● 耕山农创股份有限公司负责人，创立老寮青年旅社、Valai 农创店
● 结合人类学、社会学与商业，以创新思维重新打造农村生产链，用经济力量支持农村变革与传承
● 台湾大学社会学系学士、台湾"清华大学"人类学硕士

翻转农村的旧交换体系

在 2010 年 "大埔事件" 与 "张药房事件" 中，身为社会运动团体 "农村青年阵线" 成员之一的邱星崴，回到地方协助对抗大财团与地方政府联手圈地的乱象。事件过后，他清楚意识到，被 "怪手" 威胁的家乡农村，最需要的是唤醒地方人民，否则社会运动团体做再多的事，投入的往往都是外地大学生，当地人的参与很少。于是，邱星崴产生了 "要深入自己的家乡，要用人类学的方法才行！" 的体悟。

"为什么地方派系无法动摇？为什么在农村买票没有人检举？这是因为，买票只是一个确认 '交换关系' 的方式。平常农村各种资源、经济机会都相对匮乏，所以有需要的人势必要找地方上有政治影响力的人来帮忙，久而久之就形成了一套 '交换体系'，这个体系也就是 '地方派系'。所以，买票怎么抓得到？" 买票文化其来有自，反映了结构性积弊已久，邱星崴从人类学的背景出发，提出了他对地方的观察。

经历了几年社会运动的洗礼，邱星崴察觉到了农村内部难以改变的状况，并以人类学的 "交换" 理论来诠释其背后的成因。看透了结构上的问题后，他意识到，要改变农村的价值体系，不能只依赖社会运动或抗议冲撞的老路子，还必须让农村里的人找到独立于地方派系的经济出路，要让农村与外面的世界接轨，用更大的经济力量来改变农村里人们的想法，于是决定回乡做些不一样的事。

"老寮" 创业：返乡蹲点力量的爆发

过往，人类学家应用知识的策略往往产生于学校里面，安稳的学院待久了，通常也失去了承担风险的斗志。但对邱星崴来讲，此时正是年轻人站出来的时候，尤其是人类学强调的具有"在地关怀"的实践，更不是发生在学院里，要能真正在地方上扎根，才更有意义。而他在老寮的作为，正来自于人类学的田野调查训练，一切都从蹲点开始。

"刚回来乡下其实很辛苦。家乡的人们认为你读了书就应该去外面闯，回来只是浪费生命、浪费时间！"邱星崴无奈指出，地方上的人不是不懂农村的价值，但是长久下来处于经济弱势，只能寄望年轻人出外闯出一片天，再回来光荣故里。所以，像他这样回到故乡创业，在地方父老眼中几乎等同于"异类"。而为了证明自己的理念，能带来年轻活力、刺激当地经济的"青年旅社"成为他的选择。

"过去，南庄这边大都是高级的欧风民宿，呈现的是"exotic"（异国情调）。我的初衷是要做好农村工作，所以民宿性质的设定是平价、门槛低，还要能够联结在地生态与文史。'青年旅社'是一个很好的机制。"邱星崴说。要实现理想，资金是必要条件。为了开设老寮青年旅社，邱星崴采取"认股制"，一股两万，周围认同他的老师与长辈们一共认了四十股，成为他创业的第一笔资金。之后，又得到创投公司的资金挹注，于是成立了"耕山农创"公司，让老寮有机会真正运作起来。

用社会企业思维，打造新农村运动

2014 年 10 月 19 日，"老寮青年旅社"正式开幕。

邱星崴深植地方多年的努力，让开幕的这一天格外热闹，地方上的大佬、媒体都来庆祝这一刻。而老寮的开幕不仅是邱星崴新事业的开端，也是苗栗新农村运动的一个里程碑。邱星崴乐观看待农村的潜力，洞悉农村在现代社会之中的优势，并且找到了农村的关键价值："年轻人在高消费的都市生活，未来会越来越困难，农村可以是一个选项。农村不应该只是生产农作物而已，在可以网络接单的年代，农村还有很多新的可能性，各类产业都可以发展！"

邱星崴希望青年旅社、农村文创是有生产力的，可以提供优质的住宿、有生态与文史价值的旅游行程，"把一般的价格战，变成难以被取代的具有地方特色的'价值'，这是我们正在尝试的。"

从旅社选址、命题、服务流程的设计中，都可以看见团队的用心。

"早年南庄山区有许多产业，工人休息的地方就叫作'寮'，南庄是丘陵和高山的交会处，'老寮'就是山林的入口、有历史的老房子。我们希望通过各项活动，让大家了解南庄深厚的文化与历史，体验不一样的生活。"

邱星崴这番话定下了老寮的目标，从提供背包客青年旅社的服务开始，希望进一步成为年轻一代认识南庄、苗栗与台湾土地的一个切入口。他分析老寮和他过去做的社区营造有什么不同：

"早期我做社区营造，听起来很沉重，好像一定要跟社区发生关系、一定要给予承诺，这个方式很难吸引年轻人来到乡村。但是，如果换另一个方式，就可以吸引更多年轻人来农村体验，而且它也有更多弹性的空间。青年旅社可以和轻旅行、地方产业做结合，例如我们之前推动休耕农地的'复耕'、学习农村的传统手工艺。我认为，在地方做青年旅社的开发性、联结性会更强。"

邱星崴认为，老寮是社会运动与社区营造之外的一种尝试，过去好像只谈理念、不求回报、不谈报酬，但毕竟无法长久持续；所以，他想用社会企业的思维，为地方找出一个可以永续经营的模式。

以经济力量，实践人类学的在地关怀

邱星崴站在老寮门口，右手顺着南江街巷道往山上指去。

"这条街以前是贸易买卖的聚落，山上下来要做生意的都要经过这边。

图 7-1

图 7-2

图 7-1
房务整理的打工换宿吸引了不少年
轻人来到老寮。(图片来源：老寮
Hostel 脸书)

图 7-2
Valai 农创店是凝聚在地资源、推动
农业产业串联的重要基地。(图片
来源：Valai 农创店脸书)

图 7-3
劳务换宿提供旅人体验农村生活的
机会。(图片来源：Valai 农创店脸书)

图 7-4
兼具轻食咖啡馆与农产选物店功能
的 Valai 农创店。(图片来源：Valai
农创店脸书)

图 7-3

图 7-4

那时候我不希望老寮开在老街上，而是希望在一个相对幽静的地方，就是南江街，这样的距离也能帮我筛选客人。"

走进老寮屋内，顺着楼梯走，每个房间的门口都可以看到用两个米酒瓶并合而成的门牌，用来标示每一个房间。邱星崴下功夫研究过在地的产业变迁史，他解释，"以前南庄有很多产业，工人就在各地盖寮舍。这里有樟脑林及采樟脑的工人，所以我们有'脑寮'，也有制作木炭的，所以做了'炭寮'的门牌，还有造纸的，叫'纸寮'。"

在整修这间屋子的过程中他很清楚，必须让地方上的人一起参与，这样老寮才不会是他自己的事业，而是所有人一起的志业。"前一个屋主是矿工，还听说这里更早的时候是碾米的水垄间。翻修的时候，我们按照原本的格局去做，没有进行太大的更动。施工都是本地人做的，主要请社区巡守队的队员来承接。"

在"纸寮"房间的外墙上，挂了一件用"客家纸"拼贴而成的装置艺术作品。这是当地擅长美术的长辈赠送的，每一张纸都记录了发生在老寮的精彩故事，例如来此处用专长换宿的各地学生、不同背景的人下田帮农，或是大家一起晚餐交流等。

住在大南埔的张伯伯，以前在南庄一带担任煤矿公司矿坑的水电工，是邱星崴在田野调查时认识的长辈，也被拉进来圈子里一起合作。张伯伯的孩子在外地工作，一年当中除了过年很少回苗栗。张伯伯被邱星崴的热情感动，还特别把孩子的房间整理好，作为老寮满房时的预备房间。地方人士的参与展现了邱星崴在地经营的成绩，从中也看得出他们对老寮的厚爱与期望。

农村是一个转化器

在邱星崴眼中，"老寮只是一个入口。"如何让来的人感受到农村的精彩，进而关心地方，才是真正的挑战。人类学做田野调查的背景对他梳理地方的历史和脉络有很大帮助。

来到老寮，总有许多新鲜事等着你。除了可以跟着邱星崴或是旅舍的"管家"走读认识南庄的历史，还有许多体验活动。跟着农民去采收香菇和木耳、到附近"峨眉农场"体验有机稻米种植、欣赏地方人士文艺表演，等等，都能让住宿老寮的人感受到不同于一般旅游的乐趣与深度。

这些精彩的活动要归功于邱星崴请来的两位员工：亚璇、皮子。老板和员工，这三人过去都没有旅游业或是旅馆业的经验，却意外成了老寮的创始团队。"我其实就是放手让她们去做！"邱星崴谈到他和两位员工的合作。

话虽如此，在老寮开始营运之前，邱星崴也曾细心安排她们到西海岸一带自己认识的几家民宿参访，了解旅馆业运作的实务内容，学习如何做一名"管家"。而为了让她们更快融入当地，邱星崴安排两人加入地方巡守队，每天都必须跟着地方上的长辈一起去巡逻，过程当中就有机会多多互动、相互了解。两名工作人员直接面对一间全新青年旅社的日常大小事，诸如清洁、电话订房、处理房客留下的各种私人物品等，都是超乎想象的挑战。"来到老寮之后，也让我开始思考人生新的可能。我的阿公在坪林种茶，外婆也在嘉义梅山种茶，有在考虑未来回去帮他们经营。"亚璇说。

亚璇和皮子现在已经成为老寮的核心，茁壮成长为可以独当一面的青年旅社管家。随着在地方待得越久，认识越多地方人士与有心一起经营农村的年轻人，她们也规划出了更多精彩的活动，让来到老寮的客人可以有更丰富的体验。

其实，眼下的台湾，像亚璇这样选择离开都会、到农村或乡下找寻人生可能性的年轻人还真的不少。邱星崴知道，现在社会上有许多学生族群对"体验生活"怀抱期待，而老寮也需要年轻的活力，所以他取法南投竹山"天空的院子"等经营社区有成的民宿，开放短期与长期的"专长换宿"，让有专长的大学生、研究生们能够来到这里，在感受地方的风景与文化的同时

老寮、Valai农创店扮演转接器，用经济力量带动农村的改变

旅人 → ● 老寮青年旅社　● Valai农创店 → 农村

耕山农创

在地青年就业　公民力量串联　传统记忆传承　活络地方产业

成为老寮的助力。即便没有专长，也能用"劳务换宿"的方式，帮附近的农友做些农事，或是直接帮忙老寮的营运。"农村可以是一个多层次的转化与转接器，年轻人可以通过我们进入农村，让才华与理念跟农村接壤、发酵。"邱星崴这样解释为什么要安排"换宿"这样的设计。

开幕后营运不到一年时间，来老寮"实习""专长换宿"与"劳务换宿"的年轻人已经超过五十位，多半是北部的大学生或是刚毕业的年轻人趁着长假来到这里。他们除了协助房务，还要跟着一起下田或是做田野调查，深入客家农村社区与原住民部落的生活里。对他们来说，这是少有的认识农村与地方的机会，也是人生中一段最接近人类学家田野调查的经验，可以对南庄与台湾农村形成不同于一般观光客的认识。

基于互惠的交换，反馈地方、活化资源

当然，创业绝对不是简单的事，通常来过老寮的客人短时间内很难再到南庄，所以邱星崴得想办法增加客源。譬如看准了2015年"小确幸连假"多，于是他和彰化的青年旅社合作，举办了串联山线与海线的铁路旅行，简称"山海大旅行"。让青年背包客可以沿着铁路线，从竹南、三义、丰原、台中、沙鹿、苑里一路连线玩到彰化，沿途集点盖章，游客们可以用两千元住三间

青年旅社，还能得到当地的导览。这个计划让老寮的住房率增长了三成，带来新的财源，足见邱星崴不乏精准的生意眼光。

接着，老寮在自己的地方田野调查基础上举办了"竹林寻宝——桂竹笋"农事体验小旅行，带领旅人跟着农夫一起挖竹笋、听山林里的故事。夏天则举行"生态·冒险·峡谷"溯溪活动，在当地人带领下，顺着孕育泰雅族与赛夏族的河流溯溪而上，感受大自然的美，也观察河流与部落文化的相依与共。

然而，老寮要营运下去还是得有管理的手腕，不管再怎么能提供文化性的旅游元素，这毕竟是一个事业体。邱星崴并不担心资金不够多，而是想要进一步学习营运成本、摊提、获利要如何计算。因为他和创始团队成员没有财经背景，缺乏经营的概念，虽然有简单的记账，但没有系统性的整理资料，所以无从看出隐藏的或是长期的财务状况。

幸好后来有两位台湾"中山大学"的 MBA 学生，利用寒假到老寮"专长换宿"，帮忙整理账目，并教导他们如何利用管理报表做基础的财务分析，这才得以在股东大会上让所有股东清楚目前的财务状况。几个月之后，具有管理学专长又有职场管理经验的两名新成员晓薇与伊倩加入了团队，负责财务管理，同时参与发展以南庄为场域的"在地创新"营队，帮助参加者来到老寮学习社会调查与创新思考。

深潜农村，创新地方特色产业

老寮，是邱星崴农村事业的新起点，一个让他开始从商业与事业的角度来思考农村的切入点。在老寮慢慢走上轨道的同时，他和其他有志一起经营地方文史工作的伙伴成立了"中港溪农情调查队"，希望能进一步深化对苗栗中港溪流域的产业调查，从中寻找可以切入的发展契机。

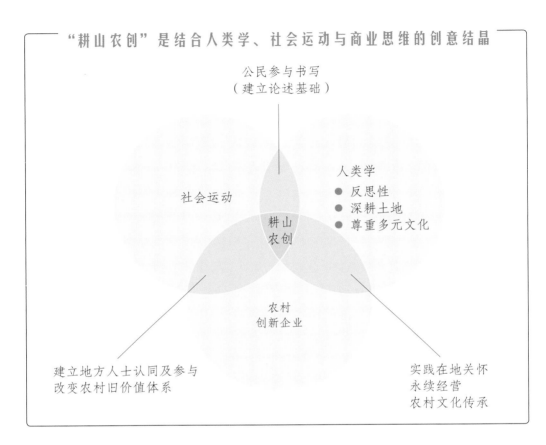

"耕山农创"是结合人类学、社会运动与商业思维的创意结晶

公民参与书写
（建立论述基础）

社会运动

人类学
● 反思性
● 深耕土地
● 尊重多元文化

耕山
农创

农村
创新企业

建立地方人士认同及参与
改变农村旧价值体系

实践在地关怀
永续经营
农村文化传承

在南庄乡公所的旧日式宿舍里，邱星崴以"耕山农创"的名字开了一家"Valai 农创店"，贩售结合了地方特色的餐饮和当地生产加工的农创商品。有越来越多的机会找上老寮团队寻求合作。例如，已废弃的大河小学和即将废弃的大坪小学计划将现有空间规划成农产加工中心与社会创业基地，峨眉湖的管理单位也邀请老寮团队规划水上活动。这些应接不暇的任务，说明邱星崴在地深耕的努力受到了肯定，也让人更加期待之后的发展。

邱星崴的话题经常围绕在创业上，但实际上，他的想法、行动都还是围绕着农村与土地。过去，他用的方法是社会运动，而现阶段他更加务实，他清楚必须用经济的方法来带动改变，才能让大家注意到农村的新可能，在文化的传承之外，也必须成为有利可图的事业，才能走得长久。他没有忘记人类学教会他的，"在农村里创新与创业，必须善用人类学的方法观察、得到全貌观的理解，在此基础上挖掘、深耕在地文化，才有机会累积人脉、回馈在地，形成正向循环。"时间的沉淀让邱星崴变得踏实，过去的社会运动青年正一步一步朝向稳健的社会企业经营者迈进，不变的是，他对家乡的爱与热情。

老寮《拾志》：结合人类学的田野书写

邱星崴让他对人类学的兴趣和老寮的运作合而为一，团队携手地方上对写作有兴趣的年轻人，共同创立了在地期刊《拾志》，以田野调查的方式投入地方书写，展现农村的新风貌。

看中现代人对"轻薄短小"的偏好，也考量到新创事业成本，《拾志》在设计之初，便选择了半开纸张的全彩印刷，折成 B5 大小，就像在旅游景点拿到的折页地图一样。

"《拾志》小小的很好携带，只收十元，买的人不会有负担。每到一个地方就可打开这张折页，对照相片、地图与真实的风景。"

土地、人物、生活等题材是《拾志》最重要的内容，希望每一个来到南庄的读者，能够因为这一份小小的刊物，对这块土地上的人、环境与故事，有更深的认识。

挖掘厚数据

社会运动与人类学

人类学的发展其实一直都与社会运动有密切的关系，这大概有几个原因。

● **人类学者为边缘对象发声**

首先，人类学研究者关心的对象往往处于主流社会的边缘。不管是在世界经济体系的边缘地带，还是在主流社会里的弱势族群，都能看到人类学者在田野调查之后，为被研究者发声。

其次，人类学的反思传统及人类学者田野调查中发现的文化现象，往往挑战主流社会的传统价值观，扩大了对人类文化光谱的认知与想象。举例来说，在美国人类学发展史上，弗朗兹·博厄斯（Franz Boas）介入了族群主义与早期的原住民运动；在女性主义运动的发展过程中，玛格丽特·米德（Margaret Mead）的萨摩亚岛民性别研究也发挥了重要的影响力。在近期的"占领华尔街"运动中，也能看到大卫·格雷伯（David Graeber）的积极参与，他甚至发挥了领导与论述的力量，带领美国民众与世界重新反思社会过度倾向资本主义所带来的负面影响。

● **通过书写及公民参与介入社会运动**

近些年，台湾地区的人类学者积极投入社会实践，通过书写和公民参与的形式，为社会运动找到论述的基石，扩大参与基础。在 LGBT 平权、反乐生拆迁、反媒体垄断等运动中，都可以看到人类学的身影。人类学家本着"反思性""深耕土地""尊重多元文化"的原则，始终在思索与找寻着未来的发展方向。

* 相关研究可参考庄雅仲文《人类学与社会运动研究》一文，2001。

锻炼你的人类学之眼

体现
EMBODIMENT

　　人类学者认为，人不仅透过身体来实践文化，也透过文化性的身体来认识外在世界，同时与这个世界互动。

展演
PERFORMANCE

　　展演意指人在沟通或表现文化概念时于众人前的表现，其虽出自个人的文化认知，但会受参与者（观众）、情境与脉络的影响。人类学者探索展演形塑与表述文化的过程与仪式，关注社会文化展演的意涵，以及展演作为沟通语言背后的文化脉络。

霍卡仪式，灵媒以身体体现了殖民文化的记忆

　　1987年6月炎夏，西非尼日尔共和国一个名为提拉贝里的桑海人（Songhay）小镇正在举行霍卡（Hauka）仪式，召唤桑海神灵。

现场空气中弥漫着焚烧树脂的苦味，单弦琴弹拨出高音的呜呜，竹制鼓棒敲打鼓面，祷唱者吟诵古老字句，舞者的双脚在沙丘上卷起沙尘。

混杂的声音与气味将神灵带到了阿达玛·詹尼同古在沙丘上的院落。入口处的茅草棚下，乐手们继续弹奏灵乐。名为甘吉碧的土地神被刺鼻的味道吸引过来，附身在灵媒身上，他正唱着歌，赐予在场者勇气以面对饥饿与疾病。当地神灵喜欢唱歌甚于说话，他们的旋律徘徊在扬尘的空气里。

灵媒表示有三位霍卡神灵来访，他们模仿欧洲人的行止——被附身的灵媒们在沙地上穿梭踱步、哼唱、吼叫，用紧握的拳头拍打自己的胸膛，唾沫从嘴角流出。一位灵媒用皮钦法语（Pidgin French）与桑海语跟在场的人对话："我是伊士坦布拉！伊士坦布拉，你听到了吗？霍卡的信徒们！"

现场仿佛看到了一支军队：伊士坦布拉是霍卡仪式的领导者，他是统治红海的马力亚将军，由步兵班巴拉·摩斯担任侍从。"提拉贝里的霍卡信徒们，为我们的圆桌会议（Roundtable）秀出你们自己吧！"灵媒用桑海话叫喊。慢慢地，未被神灵附身的男人们，以及带着霍卡神像的女人们，围绕着神像形成一个松散的圆圈。班巴拉·摩斯在一旁确认其他灵媒都在伊士坦布拉／马力亚将军前"立正站好"。

事实上，"霍卡"不仅是一种仪式，也是曾经传布整个法属非洲殖民地的一种社会现象，它伴随着各种仪式，其中包括参与者用模仿或舞蹈来诠释西方殖民占领者的军事仪式。

人类学家保罗·史托勒（Paul Stoller）认为，桑海人的霍卡灵附（spirit possession）现象与当地人对殖民年代的记忆及反抗有密切关系。从19世纪开始的西非殖民历史中，殖民母国通过军事力量改变地方政治生态，将税赋与教育加诸当地人，不仅对桑海人造成了精神上的影响，也形成了身体上的烙印。桑海人曾经发起大大小小的反抗殖民运动，在精神层面，则产生了霍卡仪式来面对殖民经验。

史托勒对霍卡仪式的研究，将焦点摆在"身体"的经验上。在他看来，桑海人的身体是殖民者直接施压的对象，军事力量的集体记忆深深铭刻在当地人的身体上，并未随着殖民结束而消失。他指出，若缺乏"身体"作为媒介，接收气味与声音的刺激，这些灵附现象便不会发生。同样地，没有"身体"作为中介，整个霍卡仪式就没有实践与展演的媒介。换言之，身体作为文化的媒介，除了成为历史的载体，也"体现"了身体里的历史记忆。

✔ 思考

在我们的日常生活中，有哪些特别的肢体动作可以代表台湾地区的文化？
当你到异地旅行，是否可以观察到当地特有的身体语言背后的文化意涵？

参考书目：

Paul Stoller, *Embodying Colonial Memories: Spirit Possession, Power, And the Hauka in West Africa*. New York: Routledge, 1995.

第八章

蔡适任：
为东方舞文化、沙漠
生态发声

人类学博士蔡适任，从东方舞教师，转换成为沙漠生态民宿的女主人，在坚持自我实践的过程里，总是能够通过对现象的脉络性理解，发展出创新策略以回应问题，落实对人文与环境的关怀。即使她不在学术圈，人类学因子早已融入她的身体力行之中。

拐进云林西螺一条小巷子里，往一栋房子的顶楼加盖走去，耳里已听到陌生的阿拉伯音乐袅袅传来。顶楼的木地板上，一群女子腰部围着缝上铃铛的纱裙，正专注看着一名个子娇小的女老师示范动作，让人恍若走入了沙漠绿洲村庄里的女性聚会。

场景转到台北东区一家餐厅二楼，四张长桌上陈列着北非的服饰、文物与贝类化石。另外一侧约有 60 个人坐着，聚精会神聆听同一位女子分享她在撒哈拉沙漠的边缘，如何一砖一瓦盖起一间生态民宿。

她是蔡适任，一位没有留在学院里教书，却在舞蹈与公益领域发光发热的人类学博士。

　　印象中，跳舞的女性总是纤瘦高挑，娇小的蔡适任完全推翻了一般人对舞者的想象。她教舞、示范动作时，仿佛变身成另一个人，水波般流动的优雅身形，散发强大的舞蹈能量。

　　蔡适任学舞的历程从法国起步。在法国高等社会科学研究院（EHESS）攻读人类学时，她接触到了弗拉明戈舞，它既是写论文时的调剂，也是结束一段感情之后的出口。"当时我想要找地方把精神投入进去。后来我了解到弗拉明戈舞，那种狂烈的生命力，像火燃烧一样，是最吸引我的地方，却也是我学不来的。"

　　就在发觉自己不适合弗拉明戈舞之际，蔡适任认识了改变她一生的舞种：东方舞，即被惯称为肚皮舞的中东舞蹈，并在学习过程中一步一步发现了它的魅力，自己的人生也因学舞而发生了很大转变。

百工里的人类学家

蔡适任："或许是来自人类学的训练，我一直追求能打动人性共通处的东西，也相信人性共通，若能跨越文化障碍，人可以发现异文化间的距离不如认知中遥远。"——引自《偏不叫她肚皮舞》
● 东方舞教师、摩洛哥沙漠"天堂岛屿"生态旅游民宿创办人、作家
● 坚持学东方舞一定要理解其背后的文化脉络。在撒哈拉沙漠打造生态民宿，用原生经济力量守护沙漠的生态与文化。
● 法国社会科学高等研究院（EHESS）文化人类学与民族学博士
● 出版《管他的博士学位，跳舞吧》《偏不叫她肚皮舞》《鹰儿要回家》等书，纪录片《带走沙丘》

去标签化，为东方舞正名

"东方舞性感、妩媚、外放且强调自我展现，跟我的个性恰恰完全相反。"当时，蔡适任对自己的身材与外形都不具信心，但看到一起学舞的女生，特别是阿拉伯女性，不管什么样的身材，都能够尽情展现肢体律动与情感，散发生命的热能，因而被这种舞蹈深深吸引住。

肚皮舞其实应被称为东方舞，蔡适任解释："18 世纪拿破仑军队攻打埃及时，看到这种女人间私下进行的传统舞蹈，因而称它肚皮舞，但他们却没有看到老祖母与小孙女一起共舞的场景，所以对这种舞蹈产生了偏见。"

带着殖民偏见的法国士兵将这种有许多腹臀动作的埃及东方舞称为肚皮舞。人们想到近东区域的舞蹈时，脑中浮现的大多也是妖娆艳丽的肚皮舞。这其实是欧美影视作品中建构起来的刻板印象，扭曲了舞蹈在近东地区日常生活里的角色。

蔡适任偏不叫它肚皮舞，还特别写书将其正名为东方舞（danse orientale）——这是她在巴黎习舞时，舞者们对这类舞蹈的通称，源于直接翻译埃及词汇 Raqs el Sharqi。对大部分台湾民众来说，听到东方舞可能会先联想到中国民族舞蹈，但东方舞其实指的是欧洲东方的阿拉伯世界，也就是所谓的近东地区的舞蹈。

蔡适任人类学的背景让她擅于考据脉络。东方舞其实是非常古老的民俗舞种，在北非伊斯兰与中东阿拉伯世界，随着各地的社会与历史脉络而有相当多元的发展。基本上是伴随音乐，流畅联结头部、手臂、胸部、肩膀、臀部五大部位的细致动作，强调乐舞合一、即兴色彩浓厚，在婚礼、生日、婴儿出生、假日节庆等欢乐场合都可以一起跳，没有色情元素，动作甚至可溯古至模仿分娩动作、礼赞生命传承的宗教仪式。

"阿拉伯女性平常在家听到音乐时，会随兴致而起，自然地跟着音乐舞动身躯，平时是穿着袍子跳舞的！"蔡适任强调不应把东方舞与"性感"做过度的联结。在她看来，肚皮舞这个刻板的文化标签，不仅简化了东方舞的意义，浅碟化了这种舞蹈的艺术性与美感，也沿袭了殖民主义者的有色眼光。

跳舞吧！"身体"就是另一种田野

蔡适任一边写博士论文，一边栽进了东方舞的世界，并陆续在欧洲几次东方舞比赛当中获奖。2006年，她一举拿到了第三届法国巴黎东方舞公开赛第三名、第三届德国柏林东方舞国际公开赛职业组第三名，以及第一届比利时布鲁塞尔东方舞国际公开赛职业组第二名。她的博士论文却跟东方舞毫无关系，探讨的是云林县口湖地区的"牵水（车藏）"，这是当地居民为了缅怀与超度一百多年前于水灾罹难的先民们所发展出来的祭仪。蔡适任因此用"外遇"来形容当时一边学舞一边写论文的过程。对她来说，人类学的田野调查与民族志论文写作是知识上的追求，也是一种对外的探索与联结，满足了她内在的渴求；但东方舞在她生命中的分量却越来越重，融入音乐、舞蹈时那种生命本质的真诚绽放，回应了她灵魂底层的渴望，舞蹈逐渐成为她与世界联结的方式。

人类学的训练让蔡适任学舞不是只学动作。她勤上图书馆、博物馆、电影院找资料，了解东方舞背后的文化与生活，认识阿拉伯音乐的特色与节奏性要素。"因为学舞，我无意间打开了一扇窗，满眼奇异精彩的风光；与舞蹈紧紧连接的，是音乐，是身体，是线条，是情感，是深浅不同的浓浓色彩，是历史，是文化，是人与自然的关系，是一段前所未知的故事与风景……当舞蹈取代了论文的功能，成为最重要的角色，我的'沦陷'也就成了无法避免的宿命。"读到蔡适任在《管他的博士学位，跳舞吧》一书中所写的这段文字，我想起了她授舞时严肃认真的神情，即兴跳起舞来眼神嘴角却自然流露笑意，不难理解她为何舍弃学术殿堂，走向舞蹈圣殿——透过东方舞，她的身体已成为研究文化与自身的"另一种田野"。

图 8-1

图 8-2

图 8-1—图 8-3
蔡适任说东方舞是她在巴黎攻读人类学博士时的"外遇"，
后来成为她自我实践的方式。

图 8-3

东方舞、阿拉伯文化的中介与转译

2008 年，蔡适任带着博士学位与欧陆舞蹈比赛的得奖荣誉回到家乡。她清楚自己无心走入学术界，也清楚自己要做的不是学院里的人类学家，而是要用舞蹈教育来完成人类学家的天职，期许自己成为文化的中介转译者。

当时，她正好赶上了台湾社区大学的风潮，落脚台北后加入了文山社区大学，开设东方舞课程，传授最正统的东方舞，同时带领学生认识阿拉伯地区的文化。之后也在板桥、大安、永和、北投等社区大学任教，并于台湾大学性别与肢体开发课程教授东方舞。

坊间的肚皮舞教学，较着重技巧和舞码。相较之下，蔡适任的东方舞教学不像是舞蹈课，反而像是一个文化人类学的教室。在她的认知里，"我们不可能学习一种异国舞蹈，却完全忽略它的文化与历史。"她清楚自己想要结合舞蹈与人类学的视野，让学员不仅能学习到舞步与舞姿，更要了解为什么东方舞要这样跳，背后原生的社会文化脉络又是什么？她会在课堂上播放影片，带领同学观察埃及人、土耳其人怎么跳东方舞，分享自己与阿拉伯老师学舞的经验，讲解音乐节奏和乐舞合一的重要。"即兴"，是她尤其强调的重点之一。

蔡适任说，东方舞从一开始就充满即兴的精神，跟音乐的关系紧密。她在巴黎学舞时，即便身体的技巧已很熟练，但一直等到自己能够掌握音乐的特殊性，并且能随之即兴起舞时，才真正感受到了自己在舞蹈中完全地解放。

对蔡适任来说，即兴发挥代表了对东方舞的融会贯通，之后才能进一步发展出自己的特色，"更深层的意义是，你的身体体现了个人经验与社会文化的关系，当你能够即兴跳舞，和自己的对话也就更深了一层，得以探索一个平常不熟悉的自己。"

人类学式的工作坊创新教学

人类学在台湾地区向来是较冷门的学科，蔡适任在社区大学结合舞蹈与文化的授课一样也必须面对严峻的市场挑战。由于来选舞蹈课的多是上班族，他们对东方舞大多还是抱持着肚皮舞的刻板印象，未必能立刻体会蔡适任"透过舞蹈认识文化"的用心。"一开始试教时，学员都很喜欢我把文化与舞蹈结合起来，但后来很多人还是只想学舞码。也有些学生是抱持着要运动或减重的心情来上课，或是为公司尾牙的表演而学，对舞蹈背后的文化完全没有兴趣。"由于社区大学必须自行面对营运的挑战，开课老师也须分担招生压力。蔡适任不愿背离教学初衷向市场妥协，加上未来还有前往北非的计划，2013 年年底，她决定回到云林西螺老家，改为以工作坊形式教舞。她善用网络宣传，将不利的环境条件转换为优势，强调教学的独特性以做出市场区隔，用创新的策略找出了自己的蓝海。

在课程设计上，她把自己当成一名人类学家，想要让学生进入东方舞的"意义之网"。工作坊每周末开课，每次课程为期两天，这两天不只学舞，也为学员准备影片，先认识东方舞每一种分支的土地脉络以及实际的运用场合，掌握基本常识之后再开始学舞。跳完舞，带着学员继续看相关影片，并针对舞蹈的内容作讨论。

在开课前一两个月，她就先规划好周末工作坊的主题，比如"埃及东方舞入门""Baladi 音乐聆听与即兴引导""即兴与编舞创作引导""埃及电影与舞纱"等。工作坊采取小班制，两人开班、五人额满。对蔡适任来说，这是最理想的教学规模与形式，既能做好充分准备，又能兼顾每一位学员的学习状态，让教学细腻而深入。

学员 Lilian 分享她从 2009 年开始跟着蔡适任学舞的心得："蔡老师的舞蹈是往内走的，要求我们去欣赏自己的身体，而不是去背舞码。对我来说，跳舞更像是一种认识自己、和自己心灵对话的灵疗过程。她的课是无法被取代的。"

身为东方舞的文化中介者，蔡适任对课程内容的坚持，培养出了一批愿意追随她学习舞蹈及背后文化的学员。他们专程从外地来上课，成为工作坊最重要的学生来源。从 2014 年下半年到 2015 年的上半年，工作坊的参与人数越来越稳定，这证明蔡适任做了一个正确且聪明的决定。

为沙漠生态、游牧文化发声

2010 年，蔡适任遇到了舞蹈教学的撞墙期，在现实与理想教学形态冲突之际，她选择按下暂停键，跟着浩然基金会一起做海外服务。她原本希望到埃及当志工，期待能借机对埃及的东方舞做田野调查，但基金会看重蔡适任的法语能力，安排了她到同样讲法语的摩洛哥做人权相关的服务工作。在这 13 个月期间，她走访摩洛哥多个地区，延续对舞蹈的兴趣，把握各种可以接触摩洛哥舞蹈的可能，并遇见了她那位在网络上代号"贝都因男人"的"关键报道人"，担任她的导游（后来成为她的夫婿）。通过这个男人的协助，她打入了当地社会，并以沙漠绿洲聚落梅祖卡（Merzouga）为主要据点进行田野调查。

"当地贫穷不是因为人不努力，而是环境让人无法从贫穷中翻身。"沙漠中所见一切，带给蔡适任相当大的文化震惊。因全球变暖、沙漠严重干旱，许多游牧民族穷到一无所有，唯一的生计来源就是观光。但观光产业是双面刃，它会冲击沙丘脆弱的植被生态和传统游牧文化，大量工业垃圾造成环境污染，许多旅馆自行凿井取水以供营运所需，却严重消耗了沙丘的地下储水，使得农民灌溉用水不足。蔡适任在当地进行田野调查时，也开始思考自己能为这个地区做些什么？要如何将他们的声音、需求和困境传达出去？又该怎么把资源带进来？

除了用文字，她还用镜头忠实记录下这些声音，完成了纪录片《带走沙丘》，让外界有机会看到当地人民的困顿与渴望。返台后，她于2013年在在线募资平台Flying V上发起了"守护小王子的撒哈拉"计划，成功募集足够资金，于隔年前往摩洛哥撒哈拉沙漠地区待了5个月，翔实记录下了梅祖卡地区的文化与生态样貌。

用人类学视野，设计公益旅行

在头两个月，蔡适任遭遇了很多规划之初没有预想到的现实问题。按照募资计划的设定，她带领了一个五人的公益旅行团到摩洛哥旅行，成员包括跟她学舞的学生、友人和脸书上的朋友。蔡适任希望采用对环境最友善的方式来旅行，比方说，只搭大众运输系统、不住饭店而住沙漠民宅、享用道地的私宅家庭菜肴等。她希望团员能对沙漠文化有更丰富的认识，带着他们去认识住在帐篷土宅的撒哈拉游牧民族，亲自体验沙漠人民的真实生活。

像人类学家一样融入异地，这样的旅行设计对一般人来说的确是挑战，光是在沙漠地区洗澡用水要节制就让女团员很难适应。毕竟，不是每一个人都受到过人类学训练，可以用民族志田野调查方式来体验一个远离家园的陌生地。这段经验让蔡适任深刻体验到，"公益旅行这件事要很小心，多数人来到摩洛哥的沙漠地区还是抱持着度假的心理，这是我之前没有想到的。"

"14天的旅行过程中，一开始只有4天在沙漠，后来团员又自愿多延了一天。回来之后，他们也说最怀念的其实就是沙漠的行程。"蔡适任欣慰自己安排深度体验的苦心终究为团员带来了珍贵回忆。

除了公益旅行，募资计划也规划了以"公平贸易"方式带回沙漠地区的妇女手工艺品回台贩售，例如织品。他们虽然带回了一些工艺品，但对于帮助沙漠妇女和她们的家庭而言，却不够有效率。一方面，她们缺乏对市场的想象，质量上无法管控，很难制造出具有市场竞争力的织品；另一方面，台湾民众对摩洛哥缺乏想象，难以唤起对沙漠产品的兴趣。这些现实上的挑战告诉蔡适任，她势必要转换方式来完成自己心中对于当地的关怀。2014 年年中，她再次回到沙漠，下决心动手打造一家生态民宿。

生态民宿，发展原生经济

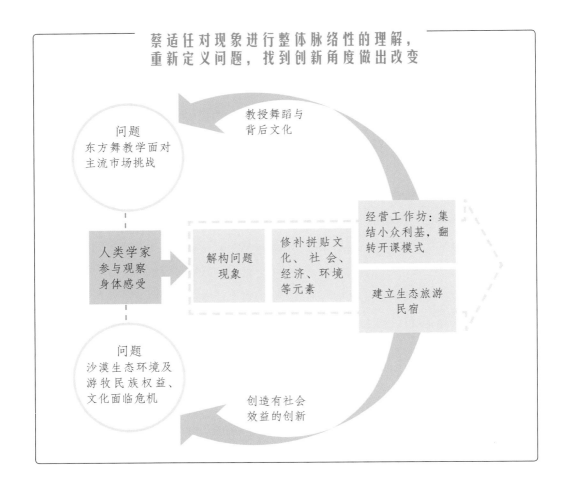

蔡适任对现象进行整体脉络性的理解，
重新定义问题，找到创新角度做出改变

教授舞蹈与
背后文化

问题
东方舞教学面对
主流市场挑战

人类学家
参与观察
身体感受

解构问题
现象

修补拼贴文
化、社会、
经济、环境
等元素

经营工作坊：集
结小众利基，翻
转开课模式

建立生态旅游
民宿

问题
沙漠生态环境及
游牧民族权益、
文化面临危机

创造有社会
效益的创新

"盖民宿似乎是一个最合理的选择。"蔡适任用"修补拼贴"的思维模式评估后做出这个决定。她希望以民宿为起点，帮当地人创造出维持生计的机会，并以不同于主流市场的观光旅游方式，回应在地的生态与人文危机，长期目标则是要护育沙漠生命与文化。来自人类学训练的敏感度告诉她，若走资本主义式的旅游路线，当地不仅缺乏本钱和观光旅馆竞争，也会对当地文化造成无可挽回的伤害。唯有让当地人一起主动面对外在世界的需求，同时让内部得以调适并发展出相对应的原生经济，才能降低文化冲击，让当地生活得以改善。

蔡适任坚持要盖一家对环境友善的生态民宿，"我们选择了土墙房，而不是水泥房。土墙虽然比较厚、占据较大面积，但跟水泥房比起来，建材比较环保、冬暖夏凉，成本还比水泥房少了一半。"

她先找工人挖井、种下棕榈树以保护水源与生态，接着请当地匠师盖房、装潢。但在摩洛哥即便找到了匠师施工，所需建材却得自己去订货和搬运，她和当时还是男友的另一半开车到处寻找芦苇、木材与涂料等建材。

至于建筑的形态，蔡适任决定要盖一间"回"字形的建筑物，墙高也比一般民宅高些，这样抵御沙尘暴的效果比较好。有了主体建筑，还要有相对应的装饰，她注意到当地以"窗户"作为旅馆与民宅的区别，便特别到处考察，请施工匠师做出美丽的窗饰，漆上最能代表当地文化的色彩。

2015年，蔡适任再度于募资平台发起"天堂岛屿活动，要带着台湾民众的爱心回到撒哈拉沙漠。她计划继续种植棕榈树防风沙、保护地力，未来还要在民宿附近发展绿洲农耕，种植旅客所需的绿色蔬菜，并在院子里做一个生态池。她期待，用爱心资助所建设的一草一木，不仅为沙漠带来绿色的景观与生气，也能成为撒哈拉沙漠与中国台湾地区最直接的联结，希望能吸引更多人来体验生态旅游和当地文化。"撒哈拉好像离台湾很远，但那里面临的经济、生态挑战其实是全球性的议题，我想要积极回应这个议题，这就是我现在想做的事"。

生态旅游与"天堂岛屿"

根据国际生态旅游协会（The International Ecotourism Society）的定义，"生态旅游是一种负责任的旅游，顾及环境保育，并维护地方住民的福利。" 要辨识是否为生态旅游，可从以下原则去判断：

1. 必须采用低环境冲击之营宿与休闲活动方式。
2. 必须限制到此区域之游客量。
3. 必须支持当地的自然资源与人文保育工作。
4. 必须尽量使用当地居民之服务与载具。
5. 必须提供游客以自然体验为旅游重点的游程。
6. 必须聘用了解当地自然文化之解说员。
7. 必须确保野生动植物不被干扰、环境不被破坏。
8. 必须尊重当地居民的传统文化及生活隐私。

蔡适任找来聚落里的村民帮忙建造民宿，并在周遭的废弃麦田种下棕榈树苗。

　　蔡适任在摩洛哥沙漠建造天堂岛屿民宿，希望推动对人跟土地都更友善的观光旅游方式，达成经济上的自给自足，改善游牧民族的生存状况，进而一步步朝理想迈进："照顾需要照顾的生命、期盼大水再来、自然生态恢复，种植棕榈树以绿化沙漠，以生态旅游的形式带领游客领略沙漠之美，麦田复耕与粮食自足。"

挖掘厚数据

表演艺术与人类学

表演艺术作为人类文化的表现方式之一，很早就成为人类学家关注的项目。

早期，在部落、原初社会或是乡民社会做田野调查的人类学家都注意到了作为研究对象的音乐、吟唱或舞蹈与"仪式"有密切关系，所以人类学家在进行表演艺术研究时，往往先从宗教仪式的角度切入。具有音乐或表演艺术专业的学者则发展出了"民族音乐学"，通过专业的音乐采集与乐理分析，记录不同民族音乐类型的特色及主题，协助人们从乐理的角度来认识这些民族的文化。

● 仪式与表演艺术关系深远

当代研究表演艺术的人类学家会从所观察的舞蹈、音乐中去探讨这个社会的现状，或是正在发生的文化变迁。举例来说，在人类学学者苏堂栋（Donald Sutton）与林枫（Marc L. Moskowitz）眼中，中国台湾地区的宗教仪式其实有很浓重的表演艺术色彩。例如，庙会神明出巡时的八家将和丧礼上的电子花车女郎，都反映了传统仪式随着社会发展而变迁，表演元素在宗教仪式中变得越来越重要。

　　人类学强调经验与同理心的重要性，深入认识表演主题背后的文化脉络，加强自己对表演主题的理解与想象，都能提升表演者的表演层次。全球知名的大提琴家马友友曾在哈佛大学攻读人类学，他就对媒体说过，那段时间人类学对他心灵的滋养与启发非常重要。

　　人类学家民族志式的厚数据资料收集方式也能应用在戏剧教育上。自由戏剧教育工作者陈韵文曾于台南大学戏剧创作与应用学系任教，她就读台湾大学时也曾到人类学系修课。在与台南新化杨逵文学纪念馆的合作中，她收集在地的考古与民族志等厚数据，发展她的"戏剧博物馆"计划，用创新的手法带领在地青年通过戏剧的方式重新认识新化地区的历史与文化。

锻 炼 你 的 人 类 学 之 眼

道义经济
MORAL ECONOMY

　　一种奠基于互惠性的经济形式，常出现在较小的社群、地方社会或是关系密切的亲属团体之中。

伦理消费
ETHICAL CONSUMERISM

　　又称道德消费，意指购买符合道德良知的商品，即没有伤害或剥削人类、动物或自然环境的商品，或选择支持注重世界整体利益而非自身利益的营运模式。

互惠性的道义经济：支持小农经济、公平贸易

　　20世纪30年代，缅甸、越南等东南亚国家不约而同发生了多起农民反抗政府的事件。以越南为例，在当时还属于法属安南保护国的义安、河静两省，1930年5月到1931年6月之间，便发生了54起群众示威活动、游行与袭警事件。在比较剧烈的暴动中，饱受人

头税、土地税压迫的饥饿农民，愤怒地进攻行政机关，企图烧掉那些税赋与劳役的档案纪录，以抵抗殖民地政府压迫。

在一般的认知里，农民暴动往往只是因为贫穷而导致的反抗行动，但是人类学家詹姆士·史考特（James C. Scott）在《农民的道义经济：东南亚的叛乱与生存》（*The Moral Economy of the Peasant: Rebellion and Subsistence in Southeast Asia*）中阐述了更深刻的见解。他从文化人类学的"互惠性"概念出发，解释这样的反叛肇因于整个经济结构违反了道义经济的生存伦理，他生动地形容小农的艰难处境："有些地区农村人口的情况，就像是一个人长久站在和脖子等高的河水里，只要涌上来一阵细浪，就会陷入灭顶劫难。"农村经济结构的剧烈变迁，再加上传统道义经济的瓦解，迫使农民不得不站出来反叛。

所谓的道义经济，即一个农业社会在面对风险时，以互惠性的价值观发展出来的互助经济体系。弱势农民为了能在万不得已时受到保护，甘愿与能够保护他们的强者（地主）保持"主｜侍"关系；地主则会在农获歉收时负担起道义上的责任，提供荒年免租、短期借贷，以维持整个社会的平衡稳定。在这样的共同体中，尊重"人人都有维持生计的基本权利"的道德观念，以及"主｜侍"之间的互惠关系。

但是，当殖民经济与市场力量愈趋强大时，殖民母国透过人口普查与土地清查，这使得农民直接受到殖民者税收制度的影响；当农民无法再付清税款时，被迫卖掉土地与财产变成常态。过去许多山林资源是农民于歉收时找寻替代资源的所在，而随着殖民政府力量的进入，如今却无法再自由取用，这使得农民丧失了最后的生存工具。再者，当市场力量变大，担负行政成本的政府与要维持经济水平的地主，二者所需承担的市场风险也跟着变大，但他们往往选择把风险转嫁到农民税收与佃租上，并且不再负担歉收时的道义责任。这些因素叠加起来，迫使农民转向以暴力解决问题，造成了当时东南亚普遍的农民动乱。

今日，在全球农业分工和市场经济影响下，面对各种环境波动，小农仍然是社会中最缺少风险抵抗力的底层。在全球商品链的架构下，当小农越发依赖遥远的市场，中间的层层剥削让他们暴露在更大的风险之中。这也是为什么我们有必要关注小农经济与公平贸易。当我们诉求伦理消费，选择购买小农商品，我们也正在参与建立一种全新的"互惠性的道义经济"，这不仅是食物安全的防线，更是人文价值与人性尊严的底线。

✔ 思考
———————————

请问你有支持或加入任何道义经济团体吗？

请问推动产地直销、农夫市集等扶持小农的行动和道义经济之间有什么关系？

请问全球性的公平贸易和道义经济、伦理消费有什么关联？

参考书目：

James C. Scott, *The Moral Economy of the Peasant: Rebellion and Subsistence in Southeast Asia.* New Haven: Yale University Press, 1976.

第九章

余宛如：
推动公平贸易、社会企业的力量

> 余宛如与徐文彦共同创立社会企业"生态绿"，用公平贸易的商业模式帮助小农改善处境。
>
> 饮食人类学的训练，让她能更宏观地看待当代粮食产销体系，反思全球化市场经济下的社会问题、文化挑战与环境危机，推动消费者一起参与改变。

"**大**家好，我是'生态绿'的余宛如，今天来跟大家分享什么是'公平贸易'与'社会企业'。不知道大家有没有想过，其实通过饮食，我们就有机会改变这个世界。除了食品安全危机，食物背后其实还有更多、更大的问题，甚至有些人因为你吃的东西受而到不公平的待遇……"

余宛如和先生徐文彦一起在2007年成立"生态绿"，以社会企业的理念推动公平贸易咖啡。两人从求学时代便对改变社会充满理想，当初因缘际会，在慈善团体的传单上看到了咖啡农遭受剥削的血泪经历和公平贸易运动的理念，十分认同消费者应该一起分担农业风险、支持永续农业的主张：

"以农业来看，传统农民的风险只能靠自己承担，传统的市场产销结构让农民处于弱势，农民的生产风险与经济压力很大，所以才选择使用农药和化肥，长此以往造成了恶性循环。所以，鼓励消费者支持公平贸易，就是要一起分担农业的风险，因为农业的永续对全人类都很重要。"

创立生态绿：台湾公平贸易运动与社会企业先驱

公平贸易要解决的，就是农民在大型经济作物出口贸易中面对的不公平待遇，尤其是在咖啡与棉花上，可以清楚看到大型企业通过上下游垂直整合以达到垄断的目的。

当时，看见全球各地，尤其是第三世界农民的困境，徐文彦自发性地开始搜集相关资料，了解各个先进国家如何推动公平贸易的理念与实务。余宛如和徐文彦认为，公平贸易让小农、厂商、消费者、生态环境之间形成永续的正向循环，以"让世界上所有生产者能够有尊严、有保障地生活，发挥潜

百工里的人类学家

余宛如："透过饮食人类学的视角，记录下世界各个角落正在面临的社会问题、文化挑战与环境危机，亲自验证公平贸易如何成为一种可以解决这些问题的机制。"
● 生态绿（股）公司联合创办人及董事长、台湾公平贸易推广协会理事长、杂志专栏作家
● 率先驱动台湾公平贸易的社会企业家，倡议食物正义与伦理消费，从人类学视角关注全球粮食产销议题
● 台湾大学经济系学士、伦敦大学亚非学院饮食人类学硕士
● 著有《明日的餐桌》

能，并自主决定他们的未来"为目标，此一注重人权与道义经济的互惠性机制，在中国台湾却少有人推广。于是，两人决定投身这项事业，创立"生态绿"，向国际公平贸易认证组织（简称 FLO-CERT）申请认证的程序，用社会企业的方式，正式将公平贸易的理念与产品带入中国台湾的消费市场。

他们选择"咖啡"作为推动公平贸易的起点，主要是意识到，咖啡是石油以外全世界第二大宗的贸易货物，而且那时正兴起一股开咖啡店的热潮，如果能在其中推广公平贸易的咖啡豆，等于为全球公平贸易尽了一分心力。2008 年，他们终于取得了公平贸易产品认证资格，在台北绍兴南街开设了第一家公平贸易咖啡馆。

当时，大部分人对"公平贸易"和"社会企业"这两个词仍相当陌生。"我们常常白天演讲完，接着就要回到店里泡咖啡，晚上还要自己包装咖啡。"余宛如回想创业之初的辛苦。除了要处理公司的贸易业务、在店里招呼客人，还要拨出时间写文章、到处演讲、经营博客，向社会大众介绍何谓"公平贸易"。

两人很清楚，好的服务与商品是做生意的基本要件，而且他们不光是在卖咖啡，也在推动社会参与的理念与价值，这就更加经不起犯错，所以他们战战兢兢地经营"生态绿"，遵守相关的规定与要求，提供最优质的公平贸易商品。

当时，余宛如对外担任生态绿的超级业务员，徐文彦则负责主内，打理公司营运大小事宜。他学的是环境社会学，说起话来思想严谨、言论犀利，充满社会批判的力道，所以就让余宛如负责对外，以"温柔的力量"与消费者沟通。

几年下来，余宛如演讲超过 500 场，向 10 万名以上的听众分享了他们的理念。在两人的努力下，已经有越来越多人知道公平贸易就是通过一种互惠的经济体系，支持弱势的生产与消费方式；也有更多人理解，社会企业就是商业模式来解决社会问题。而余宛如能够多年坚持理念、拜访产地，拥有积极变革的动力，也得益于她学习"饮食人类学"时得到的训练和滋养。

饮食人类学，透视当代粮食体系

"到英国进修前，其实完全不知道人类学在学什么！"余宛如笑着说。

她是台湾大学经济系的高材生，但完全没有接触过人类学。2010 年，她暂时放下生态绿的工作，前往英国伦敦大学亚非学院（School of Oriental and African Studies, University of London）攻读饮食人类学硕士。余宛如提到她选择的过程：

"英国是推动公平贸易运动的先驱。当时我搜寻了很多英国与食物有关的硕士课程，大多都在讲食品科学、零售营销或有机农业，那些不是我的兴趣。而我进修的主要动机，是去学习怎样扩大公平贸易的影响力，所以一看到伦敦大学亚非学院对'饮食人类学'这门课程的描述：'当代的粮食议题是不透明的、是脆弱的，所以在食物生产链上有人得益，有人受苦。修完这个学科，你可以对这样的一个体系做出观察与回应。'这完全就是我需要的！"

饮食人类学尝试探究出当代面临的食物问题，从每日例行的吃喝当中，勾勒出一个个"食物生态系"，描绘食物从生产、处理、运输、烹调到消费每一个环节面对的问题；并主张透过"食物的再设计"（food re-design）找到各种变革与创新的机会，让食物的生产与消费都能更正义、更永续。强调互惠经济、伦理消费的公平贸易，就是其中一种食物运动的新可能。

体验公平贸易生活，用食物切入社会议题

"其实一开始我对人类学完全没概念。第一学期的第一堂课还曾问老师'什么是人类学？'那堂课是我副修的旅游人类学，老师跟我说：'人类学就是你看到一棵树的时候，你会看到一座森林。'当我念完整个学期时，我的感受就是这样，我看到一盘食物，就可以看到它的前世今生。"

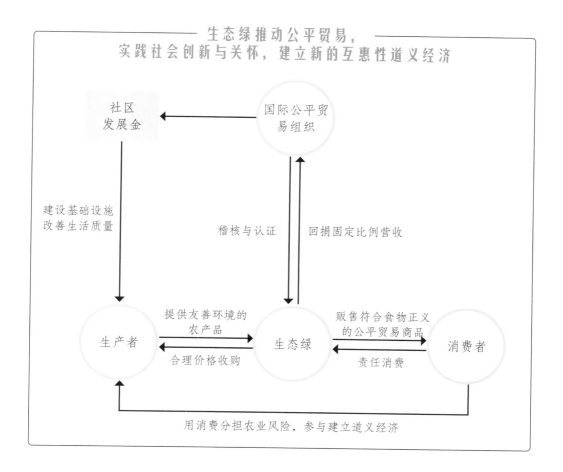

在英国除了完成学业，余宛如也真正见识到了英国的公平贸易和饮食运动如何落实、推广。譬如，有一次参加伦敦慢食运动组织的聚会，她惊喜地品尝到了英国原生牡蛎的风味，经过说明才了解到，"复育原生牡蛎"不仅是要复兴英国生食牡蛎的饮食文化，更是要扛起英国在海岸保育、保存生物多样性方面的国际责任。

各式各样的公平贸易活动、饮食运动，成为她留英生活的重要调剂，她亲身体会何谓"公平贸易生活"——早上到公平贸易超市买菜，下午去公平贸易咖啡店喝咖啡，百货公司也会推出使用公平贸易织品的服装……这些现象让余宛如深刻认识到，要做好事与正确的事，未必只能选择慈善工作，若能为消费者与市场提供多元化的、质量好的公平贸易商品，更能活络经济，带来正向发展。

"在英国的生活经验，让我意识到了我们与世界公平贸易的差距有多大！"余宛如感慨说。这些体验加上饮食人类学的训练，不仅让她在知识与阅历上有了更深的积累，也启发她之后积极透过食物切入各种社会议题。

放眼世界，深入产地田野调查

余宛如留学归来后，生态绿也进入了新阶段。

她和徐文彦积极参与世界各地与公平贸易相关的会议与活动，以了解最新信息，找寻合适的公平贸易商品。他们发挥人类学田野调查的精神，只要一有机会，两人就亲临产地，拜访参与公平贸易的合作社和农民，在第一线观察生产环境与合作社的运作，实地了解弱势农民是否真的从公平贸易的系统中得到了帮助。

"巴勒斯坦迦南地区合作社的公平贸易橄榄油，其实就是在帮助巴勒斯坦人在以色列的诸多控制下，创造出较好的经济收入。"处在脆弱经济环境中的巴勒斯坦小农，通过公平贸易突破原本遭到封锁的市场途径，并且提升了生产技术，产品质量受到国际肯定。

"秘鲁亚马孙雨林的廷戈玛利亚，原本是种植古柯叶的毒品大本营，但现在当地人可以选择种植咖啡和可可取代古柯叶，摆脱毒品经济的恶性循环。"不仅如此，这里还发展出了自己的可可品牌，立足国际市场。

这些公平贸易的农民合作社往往位于相当偏远的地区，他们的旅行常伴随着辛苦与危险。例如在 2009 年，他们到斯里兰卡参加国际公平贸易会议，会议结束后碰上叛军的叛乱，在路上，两人被巡逻的军人用枪指着，直到出示证件、一再表明自己的外国人身分，才放行……生态绿架上的公平贸易商品，余宛如总能娓娓道来每一件背后的故事，既有互惠互助的温馨，也有惊险与艰辛。

透过饮食人类学的视角，她记录下世界各个角落正在面临的社会问题、文化挑战与环境危机，亲自验证公平贸易如何成为一种可以解决这些问题的机制。她于 2014 年出版的《明日的餐桌》一书，就像是一本人类学民族志，集结了她对全球各地"饮食社会运动"与"公平贸易"的田野观察，呈现食物正义、美味伦理的重要性，邀请读者透过一餐一食的选择，用饮食改变这个世界！

提供有竞争力的商品，消费者才会买单理念

生态绿以公平贸易为核心价值，但是在商言商，一家公司如果本身的商品和服务没有做好，什么理想都不用谈。所以在创业之初，余宛如和徐文彦花了很大的心力在钻研咖啡。

"在申请公平贸易认证的时候，我们就决定要做咖啡，因为咖啡的门槛比较低，比较不需要大量的投资。我们非常认真地钻研咖啡，能买到的咖啡专业书籍、与咖啡相关的论文与期刊，我们全都看过一遍；我们也花了很大的成本购买生豆在家里烘焙，每天试验。就是这样，我们熟记了咖啡豆的特性。"

在生态绿几款挂耳包咖啡的包装上，注明产地分别来自危地马拉、尼加拉瓜、印尼与秘鲁，这也是生态绿作为烘焙商拥有独家 KNOW-HOW 的证明。"当我们直接跟农民合作社合作、真的前往产地了解咖啡后，我们惊艳于每一位农民的努力，他们的咖啡喝起来风味都不一样，很有自己特色。因此，我们对自己的咖啡质量更要坚持。我们也看到全球'咖啡如红酒'的精品咖啡趋势，所以精心调配生态绿自己喜欢的配方，做了不同产区配比的特调豆。包括豆子特性、配比比例、烘焙深度等制作工艺都必须非常讲究，这些都是一家公司的专门技术。"

即使拿掉"公平贸易"的道德诉求，生态绿仍拥有很专精的咖啡产业知识与专业能力，他们努力栽培自己的烘豆师以掌握质量，希望这份坚持与用心，让消费者感受到"公平贸易商品不等于'同情消费'，支持'伦理消费'一样能享受好产品"。现在，生态绿除了烘焙自家贩卖的咖啡豆，也帮忙经营咖啡店的非营利组织，帮公益咖啡店代烘豆子，努力扩大公平贸易的普及率与影响力。

持续创新商业模式，扩散品牌价值主张

生态绿不只在商品上下功夫，也尝试各种服务上的创新。譬如，他们和企业合作成立"公平贸易茶水间"，让愿意支持公平贸易理念的公司及其员工可以天天接触到公平贸易的产品；他们也担任顾问的角色，协助下游厂商或公益团体发展咖啡馆生意。

2012 年，生态绿进入快速成长阶段。此时，社会企业的浪潮开始兴起，"社企流""上下游新闻市集"等公益平台也陆续上线，在这样的趋势下，生态绿长期默默坚持的价值被更多人注意到，营收随之有所增长。

"社会企业本身是有社会理想的企业体，但本质还是企业。企业就是需要有好的商业模式、持续的创新、好的服务与商品。一个企业需要这些，一个好的社会企业更需要这些。如果做不到，不要讲社会理念了，连消费者都会觉得受骗。"余宛如语重心长地指出。

2014 年底，生态绿登上"创柜板"，让有兴趣进入公平贸易领域的投资者，通过正式的集资管道，找到愿意投资的标的。学经济出身、思维缜密的余宛如说明这个决定的意义：

"越是透明化的公司治理，就越能够永续地发展。很多人搞不清楚，以为上了创柜板就是股票要上市，但实际上我们是一个新创事业，配合金融单

图 9-1　　　　　　　　　　　图 9-2

图 9-3

图 9-4

图 9-5

图 9-1、图 9-2

余宛如通过演讲、访谈等各种机
会，分享"公平贸易"和"社会企
业"的理念。

图 9-3

徐文彦与余宛如深入雨林探访巴西
公平贸易坚果合作社。

图 9-4

公平贸易组织支援合作社咖啡小农
接受专业的杯测师训练。

图 9-5

秘鲁廷戈玛丽亚（Tingo Maria）的
公平贸易可可小农。

位的要求，把公司的财务与风险透明化，让更多人清楚地看到公司的运作，在认同我们的理念之外更要肯定我们的营运能力，愿意投入资金。"她也认为，完备、透明的公司管理制度，有助于杜绝少部分消费"社会企业"的商家，让真正的社会企业获得支持，永续营运。

转型食品商，坚持经济正义

随着公平贸易的理念越来越被人们接受，公司的订单越来越多，生态绿在 2015 年结束掉了面对面跟社会大众沟通的咖啡馆和超市生意，转型为食品生产商，专心经营自己的品牌。

"在策略上，我们希望能够强化接单、生产的能力，也要强化我们的电子商务与国际业务。"也就是说，生态绿希望加强自己在"公平贸易商品"生产上的能力，进而能够处理更大的业务量；同时，通过电子商务服务更多愿意购买这类商品的消费者。虽然生态绿咖啡馆功成身退，但现在在诚品及许多公益咖啡馆，都能喝到由生态绿出品的公平贸易咖啡，"若能看到消费者越来越喜欢公平贸易的产品、感受到消费者的力量，人们会更愿意一起投入，这样才会带来更多的改变。"

配合公司的转型与商业模式的改变，生态绿持续发展新的公平贸易产品，同时寻求扩大在社会关怀层面的影响。2015 年，他们和心路基金会合作推出使用公平贸易食材的产品，如制作蛋卷用的可可粉和蔗糖，米香制作中使用的橄榄油和印度国宝茶，还有牛轧糖里的咖啡豆。生态绿还直接在台北大稻埕的年货大街摆摊卖产品，以求了解第一手的消费者对这些产品的反应。

有生意就会有人提出质疑："为什么公平贸易的商品比一般的商品贵？""卖公平贸易不就还是贸易商吗？""为什么不做本地的公平贸易商品？要做国外的呢？"这类质疑从来没有停止过，但余宛如始终笃定："我们必

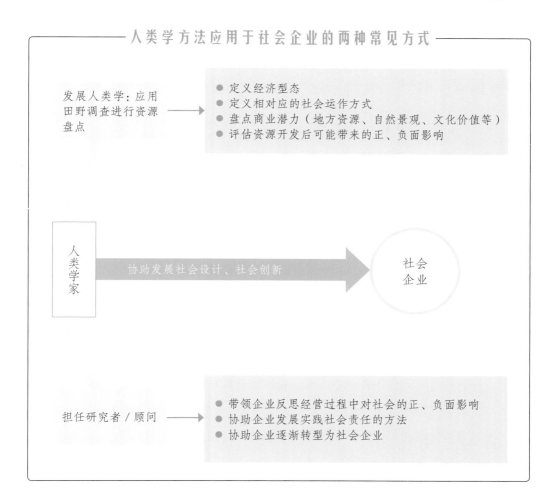

人类学方法应用于社会企业的两种常见方式

发展人类学：应用
田野调查进行资源
盘点
- 定义经济型态
- 定义相对应的社会运作方式
- 盘点商业潜力（地方资源、自然景观、文化价值等）
- 评估资源开发后可能带来的正、负面影响

人类学家 ——协助发展社会设计、社会创新——→ 社会企业

担任研究者／顾问
- 带领企业反思经营过程中对社会的正、负面影响
- 协助企业发展实践社会责任的方法
- 协助企业逐渐转型为社会企业

须证明，有多少咖啡小农因为公平贸易而得到了公平对待，有多少社区的生活与基础建设因此有所改善。"

公平贸易不是慈善事业，而是一种建立在生产者、贸易商与购买者之间长期的伙伴关系，促成更公平、透明、永续的友善经济体系。透过长期的观察和合作，余宛如看到国际公平贸易组织对商标、社区发展金等的使用，有相当严格的考核与规定；另外，公平贸易商每件商品卖出后，需要回捐百分之二的标签授权费给该组织，他们利用这笔钱来辅导农民，或是作为面对气候变迁的基金。

公平贸易做为一种社会设计：互惠性的道义经济

国际公平贸易组织（FLO）为全球制定了"公平贸易标准"，无论贸易商或生产者都必须遵守，并且接受独立第三方的监督与稽核，让生产链透明化。这套机制有助于在全球化市场经济下，秉持公平、正义、永续的互惠原则，确保小农的人权与生计，以及环境生态的可持续。其主张如下：

1. 友善生产者：对生产者承诺提供一个能维持生计与永续经营的"保证收购价格"，并确保在健康环境下工作，生活有保障。

2. 友善消费者：具有公平贸易认证标章的产品，代表原料的来源都已通过国际公平贸易认证组织的稽核，消费者买得安心，也能清楚溯源生产者与产地，让经济交易行为同时也可以为全球的可持续发展和民主社会的建设尽一分心力。

3. 友善环境：确保生产者采用永续的生产方式，尊重自然，维护生态环境与社会文化的多样性。

4. 培力：扶持生产者提高产品质量，改善生产条件，提供接触国际市场的资源，帮助生产者得到经济独立与尊严。

5. 支持民主运作的合作社：采合作社的方式民主运作，生产者拥有发言权，有助于他们在市场上以更平等的地位参与议价，并共同投票决定"社区发展金"的使用方向。

6. 提拨社区发展金：公平贸易组织向特许商收取年费和固定

比例的营收，用来成立"社区发展金"，用以帮助贫穷国家的生产组织建立水、电、教育、医疗等基础设施。

7. 不得使用童工：生产链杜绝使用童工，并提供合理的报酬让父母有能力送孩童上学。

8. 支持工作平权：帮助妇女取得工作技能，得到平等的就业权利与学习机会，提高女性的社会与经济地位。

挖掘厚数据

社会企业与人类学

在过去，NGO（非政府组织）或是 NPO（非营利组织）是许多人类学家在学界以外的职业生涯选择，今日则有不少人开始投入"社会企业"的行列。

这样的选择，部分是因为人类学家的工作往往都在比较需要协助发展的部落、农村或社会角落，因此协助研究对象脱离贫穷、改善生活环境，自然成为人类学者在研究文化之外重要的工作项目之一。而在策略上，除了社区营造，社会企业也是一种选择，希望能通过务实的企业经营，具体改善研究对象的经济状态、生活质量并创造就业机会。这一方面回应了人类学家对研究对象的关怀，二来也是在人类学的反思传统上，尝试找寻一种更能实践人类学理想的机会。

● 从发展人类学出发，促成社会创新

人类学方法应用在社会企业上，大致有几个方式。最常见的是从"发展人类学"出发，应用民族志式田野调查方法做资源盘点，定义研究对象的经济型态和相对应的社会运作方式，盘点出具有商业潜力的地方资源、自然景观与文化价值等；同时必须设想，开发资源、发展商业模式之后，对研究对象可能带来的正面和负面影响。

　　第二个常见的方式，是人类学家扮演研究者与顾问的角色，从一般企业的社会责任切入，带领企业反思经营过程中对社会的正面和负面影响，进而协助企业发展出实践社会责任（company social responsibility, CSR）的方法，或是积极转型成为社会企业。不管采取哪种方式，人类学家都可以积极协助"社会设计"或是"社会创新"（social innovation）的思考，引领社会企业的发展。

　　然而，必须提醒的是，研究社会企业与经营社会企业是两回事。社会企业处于具体的商业世界里，若想永续经营并且逐渐增加社会影响力，经营者除了要有人类学家的人文关怀与调查能力，商业管理能力也绝不可少，只有这样才能处理真实的经营挑战。

之三

小地方的人类学

透过田野，深入在地生活脉络、联结地方与人！

锻炼你的人类学之眼

物性
MATERIALITY

意指文化实践过程中文化与物之间的辩证过程。不只文化决定了物如何使用，物也影响了文化的实践方式。

经济行为
ECONOMY

人类学对经济形态的研究并不仅限于货币经济或全球贸易，而是从人类如何生存与获得资源切入，将经济行为放入社会与文化脉络中，探讨经济行为与价值观、社会运作间的关联性。

从物看见"人性"，从文化看见"物性"

在北伦敦一间超市里，伟恩太太正在为一家人购物。她的丈夫是一位电工，因为受伤已经好几个月没有工作。她自己是保姆，把雇主的小孩带回家照顾。除了丈夫受伤，最近还有人闯进他们停在户外的车里偷窃，日子可说过得一点也不惬意。尽管如此，伟恩太太在购物时还是把注意力放在了东西上，将不如意的事情暂时先搁在一旁。此刻，她必须想清楚一连串策略来解决家里的需要，她向一起去购物的人类学家丹尼尔·米勒（Daniel Miller）解释：

"我的丈夫是肉食主义者，蔬菜总是只挑自己喜欢的那几样吃。我最近开始'炒菜'，因为我发现这样可以让他多吃些蔬菜。他喜欢吃辣。……我的儿子杰克这几年更挑剔了，他以前蛮爱吃青菜水果，但最近他都只吃薯条和汉堡。"

伟恩太太想着她先生最近总穿旧 T 恤，应该帮他买件新衣服，不然工作时老是穿那几件。事实上，伟恩太太不太喜欢让她先生自己购物，总觉得他不是会漏买，就是会买错东西。

伟恩太太买东西时会想到家里每个人的喜好。她在肉铺买了薄荷口味的羊排，这道菜家人上周赞不绝口，希望这礼拜再吃一次。同样的，之前买的一些水果塔也大受好评。在购物最后，她帮自己买了一杯冰淇淋，是她喜欢的牌子 Viennetta，算是给自己的小小款待。

在米勒眼里，伟恩太太就如同其他家庭主妇一样，是一个家的核心，需要对家里的物质需求做研究。她不光是被动地满足需要，也会去想象这个家如何才能因为她的购物而过得更舒服。她不单满足先生与小孩，也让自己从购物中得到成就感。对她来说，这一切就是她的责任，因为她爱这个家。她的购物就是一个"爱的行动"，在日常生活中通过实践建构起爱的关系。爱或许不常挂在嘴上，但她每次购物都是从爱出发，买回来的东西展现了她对家庭的关心与呵护，让家人生活在有爱的环境里。从这个角度来看，购物不光反映了爱，也是爱的表现与再生产的形式。

米勒指出，过去的人类学研究在心物二元论的传统下忽略了"物"的重要性。然而，我们是通过与"物"的接触认识这个世界，也通过操作"物"来展现我们所学习到的文化概念。尤其在这个时代，消费的过程展现出文化观念与社会关系，我们从物上面可以看到"人性"，更可以从文化产生的过程里看到"物性"。没有"物"，文化现象就无以为存。

从米勒的角度来看，超级市场其实也就像是一个博物馆，里面的商品正展演着当代社会对于家的文化性想象，我们能通过观察一个超市看出这个社会所重视的价值。

✔ 思考

你如何表现自己对家人的"爱"？在表现的方式上有没有"消费"与"物质性"的形式呢？

在你购物的过程里，除了"爱"，还有哪些力量驱使你去消费某些特别的物件？为什么这些力量会让你用"物"来行动呢？

参考书目：

Daniel Miller, *Material Culture and Mass Consumption*. New York, NY: Basil Blackwell, 1987.

Daniel Miller, *A Theory of Shopping*. Cambridge: Polity, 1998.

Daniel Miller ed., "Materiality: an Introduction" in *Materiality*. Durham, NC: Duke University Press, 2005, pp. 1–50.

第十章

邱承汉：
民宿、地方什货，
变身幸福博物馆

在改造自老婚纱店的"叁捌旅居"，邱承汉与建筑设计团队赋予老屋和旧物件新意义，活化时代的记忆与情感，传承幸福物质文化，更透过活动和书写，串联盐埕常民生活与人情故事。丰富旅人体验的同时，也为在地保存了无形的文化资产。

"这个柜子以前是在二楼的梳妆台，新娘都会在这里化妆，现在我们拿到一楼，做成柜台。以前，新娘把结婚要用的礼服与用品摆在这个红色行李箱里，现在我们用这个红箱子来摆清洁用的备品给入住'叁捌旅居'的客人。"

2014 年 12 月，在香港著名文化地标"蓝屋"，一群香港朋友专心聆听来自台湾地区的邱承汉分享他翻新老屋、经营"叁捌旅居"的过程。

"叁捌旅居"是一家位于高雄市盐埕区的设计民宿，开幕以来屡屡成为媒体报道的焦点，因为这里不只设计别出心裁，更有浓浓的历史人文味道，见证了高雄文化的变迁。这栋五层楼的透天厝曾经是当地最知名的婚纱摄

影公司"正美礼服"，现在变身为风格独特的旅店，也可以说是一间高雄的
"幸福博物馆"。

翻新老屋，串起时空情感

从再一般不过的民宅到现今的转变，要归功于邱承汉的努力。"几年前，
长辈决定要将'正美礼服'搬到另一个地方，屋子就闲置下来。我小时候最
美好的回忆都在盐埕这栋房子里，心里蛮舍不得。"

邱承汉原本念的是企业管理专业，在台北的银行工作。2011 年，因家族
经营者感到空间太小，决定将"正美礼服"（下文简称"正美"）移到别处，
这栋他自幼在里面玩耍的楼房便成了闲置空间。邱承汉几经考虑，决定辞去
让人称羡的工作，跳脱舒适圈与台北的生活，回到高雄将这栋透天厝改建成
为民宿，命名为"叁捌旅居"。

百工里的人类学家

邱承汉："物件是一个介质，能带我回到过去的
一段时光，我希望妥善保存它们背后的意义、故
事与情感。"
● 叁捌旅居、盐埕在地刊物《什货生活》创办人
● 活化婚纱店老屋老物，打造"叁捌旅居"为盐
埕文化入口，串联在地历史，传达美感
● 台湾政治大学企业管理硕士
● http://3080s.com/

在口语中，"叁捌"谐音"三八"听起来似乎没有太正面的含义，但是"叁捌旅居"命名的背后，隐藏着邱承汉用这栋建筑物说故事的心意：

"叁捌是指 30 到 80。'叁'指的是 1930 年代，也就是创立'正美'的外婆谢蔡金牙女士出生的年代；'捌'指的是 1980 年代，也就是我的出生年代。取名为'旅居'，是希望这里不光是旅店，也是能让人体验到真实生活感的地方。"

一个好的名字让这栋建筑物有了时间概念的定锚，但真正的挑战在于如何让整个空间重新活起来。"我想做到的，除了时间的串联，还有空间上的串联。因为在这个地方长大，所以想透过这栋建筑去联结之前'正美'的故事，去联结前后的社区，接着去串联不同的人，包括旅人、高雄在地人，还有住在附近的居民。然后，通过举办活动，把这些人与地方联结起来。所以，我们除了提供住宿，也举办很多活动和讲座，并且做了许多附近的田野调查、口述采访。"

传承老婚纱店的幸福记忆

现在跟高雄市 50 岁以上的当地人打听正美摄影礼服公司，他们会这样跟你说："以前高雄人结婚就是要到'正美'去租婚纱、拍婚纱照！"对高雄人来说，这里充满了幸福的回忆。

1970 年代，盐埕区因为邻近高雄港，商业功能发达、货物品项齐全。旧崛江商圈更是以前盐埕区贩卖最高级商品的地方，是盐埕区的"精华"，这一带也成为了老高雄人结婚时采购的必去之地。当年，邱承汉的外婆要开婚纱店，便选择落脚崛江商圈，在五福四路 226 号成立了"正美礼服"。

"正美，就是真正美丽的意思，是我外婆一手创立的。外婆是一个女企业家、女强人。那时她跟外公说，结婚可以，但她还是要去日本留学，所以真的在婚后去日本学服装设计。"一讲起"正美"，邱承汉总是会很骄傲地提及外婆的创业故事。

"正美"一开始是一栋两层楼的木屋，1975 年于原址改建为一栋 5 层楼的水泥建筑。邱承汉的外婆凭着从日本学来的好手艺与做生意的本事，逐渐打开"正美"的知名度，成为当时高雄人结婚时婚纱服务的首选。也因此，"正美"就是 20 世纪七八十年代高雄人婚礼文化的一部分。

"外婆除了新娘礼服，也卖化妆品、华歌尔内衣等。那时候的女生平常不太能买很多东西，但结婚的时候她最大，所以可以一次买很多化妆品与内衣。外婆说，当时的新娘都是成打成打地买，把未来好几年需要的一次买齐。"1980 年代的"正美"，不仅提供客人租礼服、拍婚纱与美容等服务，还在高雄的国际大饭店办婚纱秀，登上了当时的电视媒体，这些影片现在成了最好的回忆。

1990 年代以后，"正美"在经营上发生了变化。"那时候刚好有机会接触到外国的厂商，"正美"开始做出口生意，主要是设计礼服，或是接外国品牌的订单。1990 年代初期左右，门市慢慢收起来，转而专心做出口，我们一直到现在还在制作婚纱，只是台湾的人不知道，因为没有卖给台湾的客人。"邱承汉解释。

就这样，"正美"逐渐淡出了年轻一代高雄人的记忆，而这栋位于五福四路的透天厝，也因旧崛江商圈渐趋没落，逐渐消失在高雄人的生活里，直到邱承汉决定回来接手这栋建筑物。"我回来的时候外婆特别开心！她自己是创业的人，也认定我在创业，她很高兴。"

邱承汉希望能让"正美礼服"的幸福回忆在新生的"叁捌旅居"继续下去，所以在装潢设计上延续了许多"正美"的元素，未来也打算举办主题活动来联结地方与人。"我想要举办'叁捌回娘家'，在每年的 3 月 8 日邀请曾经在'正美'租过礼服、拍过婚纱的长辈回来聚聚。"邱承汉说。

新旧设计元素融合，老屋变摩登

决定回高雄接下这栋建筑物之后，邱承汉首先要费心的是找谁来打造心中理想的空间，让老房子重新活过来。

"离职之后，一开始我有点不知所措，只知道一定要找到一个跟我的理念契合、有空间设计专业背景的人，跟我讨论、给我建议，让我脑中的想法可以实现。"很幸运地，他找到了擅长融合现代建筑与地域特色的团队：宽和建筑。"我和设计师说，要有'正美'、盐埕的元素在里面。"邱承汉提到他一开始的坚持。当初参与计划的设计师之一辜达齐，分享了团队和邱承汉一起做设计的过程。"我在这里住下，体验它的空间氛围，再把体验转换成设计。那时跟着承汉走入崛江商圈，发现那里用了透明天花板来增加整个商场的自然采光，便决定要将这样的元素融入这次的建筑物设计。"

站在"叁捌旅居"（下文简称叁捌）的门口，辜达齐指着对面的崛江商场说："在入口的设计上，我们做了向内延伸的'亭仔脚'空间，打破店面与骑楼之间的界线，延续对面崛江商场的长廊意象。大面落地窗也重塑了崛江商圈令人熟悉而亲切的生活感，要让经过的人不只停下脚步，还会想要走进来看看。"

"我们利用许多当地常用的建材，像是磨石子、抿石子、砖墙及铁件，让人从贴近的建筑语汇去了解盐埕；也用了很多这个区域常见的金属五金，回应盐埕区曾经兴盛的船只五金维修业。外面一侧，用了许多铁网，增加空间的穿透感，也让植物攀爬成一道绿色植生墙，减少五福路的噪音。因为这是一栋长型街屋，为了使通风、采光更好，我们一口气凿了四口天井，让空气和光线可以在建筑之中流动。"

住宿房间的设计也呼应了"正美"这个主题。例如，刻意从水泥壁面露出砖墙，加上一边的木梁，搭配复古的沙发椅，传达出建筑物本身的历史感。另外一间房里，墙面漆上白色，挂衣架披上一袭白色嫁纱，从窗户引入的户外光线照射在古典雕工的床头板上，再现了独属"正美"的怀旧与浪漫。地下室原本摆放邱承汉长年收藏的日本漫画，现在则是将整个空间挪做艺文展演之用。二楼保留了一个开放场域，可以在此举办小型讲座。特别设置的流理台则可以用于进行简单的烹饪活动或是餐饮教学。

幸福物质文化再现新意义

在整理"正美"空间的时候，清出许多旧东西，设计团队和邱承汉一起讨论有哪些可以保留或是再利用。于是，过去用来装婚纱的红箱子，成了摆在"叁捌"门口的装饰。曾经新人化妆用的梳妆台，成了摆放地方艺文信息的桌台。邱承汉解释，"叁捌"收集了这么多老东西是因为念旧，"我想保存物品，希望这些物件能让我产生画面，它们是一个介质，能带人回到过去的时光。我希望能妥善保存这些物件背后的意义、故事与情感。"

而要让这些旧东西与老素材得到新生命，且毫不突兀地融入新空间，一定得仰赖设计师的专业，"东西都会过时，房子也会，可能无法完全合乎当下的需要。设计师的角色就是要让空间适应这个当下，不然就只剩下造型，无法再利用。"辜达齐强调。"要达到'新旧之间的平衡'是很痛苦的。什么该拆？什么应该保留？这些都是我和设计师之间争执的重点。设计师重视空间美感，也重视实际使用起来的机能，但这栋建筑物充满太多回忆，拆除的过程中怎么可能没有不舍？"邱承汉忆及当时在设计上做取舍的复杂心情。

婚纱记忆、建筑设计新旧融合的最终成果，处处呈现别出心裁又连古

图 10-1

图 10-2

图 10-3

图 10-4

图 10-5

图 10-1 — 图 10-3

旧透天民宅改建的叁捌旅居，透过建筑设计的巧思，从外观到内部，注入新的人文风貌。

图 10-4

邱承汉带着旅人走访崛江商圈及邻近社区与店家，品味盐埕当地的历史与生活故事。

图 10-5、图 10-6

借助博物馆策展手法，正美礼服原有的旧素材被活化了，在叁捌旅居传递时代记忆与幸福情感。

图 10-6

通今的巧思，让"叁捌旅居"以《径·盐埕埔》的作品名称拿到了 2014 年 ADA 新锐建筑奖首奖。

叁捌旅居：体验盐埕在地文化的入口

"经营'叁捌'的终极目标是希望这里能成为盐埕的入口，让大家因为它而来到盐埕，然后走进去，认识里面更多的地方。"邱承汉说。

盐埕区一带自日据时期就是都市计划发展的重点。在 20 世纪七八十年代，因为邻近高雄港的缘故，这里曾是高雄风华最盛的地区，如同台北西门町与大稻埕的合体，是舶来品与南北货物最集中的地方，高雄第一家百货公司与国际观光饭店都在这里开张。20 世纪 80 年代出生的邱承汉恰巧见证了高雄的商业中心由西向东移动的过程，也看到了盐埕铅华尽褪，他希望"叁捌"可以为活化盐埕尽一份心力。

当越来越多的人通过各种媒体认识"叁捌"、成为这里的房客，他们也开始有机会跟着邱承汉去认识盐埕。邱承汉和民宿的管家们除了分享附近的文史与观光信息，还会特别为旅人准备当地店家的早餐，透过饮食传述地方故事。"承汉带着我们一间一间吃，那些早餐他从小吃到大，真的好吃！他也会跟我们讲这些老板的故事。这些故事我们就在提供早餐的时候一起带给客人。""叁捌"的管家 Angel 说。

每隔一阵子，邱承汉便会和其他当地工作者合作发起"盐埕小旅行"，带领旅人游览盐埕，一起到木材行、西服店、美容院、日货行、纽扣行等有历史的店家，听店家说故事，甚至跟着老师傅一起学些简单的手艺，让当地人的生活成为旅人们可以带走的回忆。

放大视野，引进艺文活水

邱承汉解释"叁捌"设计活动的原则。"活动大致上分两类。第一类在议题上未必与盐埕直接相关，但与'叁捌'的艺文调性符合或我自己喜欢，就会举办，吸引对的人来认识这个空间。再来是直接与地方店家有关的体验活动，把人拉进'叁捌'、接着去认识盐埕。"

高雄做文史工作的团队很多，例如打狗再兴会社，他们的活动强调历史，"我们的活动跟会社不一样，不会太偏重文史，而是用有趣、有生活感的方式来呈现，因为我们的客人不是那么严肃。大家关心的角度不同，做好

叁捌旅居有如田野基地，串联盐埕区的今昔与人物，
以书写、影像为在地文化留下无形资产

盐埕

正美礼服

叁捌旅居
空间及物件保存、活化
在地文化导览
《什货生活》
口述历史

各自的分工，一起让盐埕有趣起来。"

　　邱承汉本身是一个经验老到的旅人，经常到各地旅行。这些旅行阅历帮助他更清楚地定位盐埕的特色，激发他对经营"叁捌"的想法，在规划服务时也更能贴近旅人的需求。

　　目前，"叁捌"的客人集中在 26 岁到 40 岁之间，因为是设计旅店，主要客户群就是喜欢这类风格的年轻人。而随着旅人网志的流传、"叁捌"获设计奖肯定，越来越多的人慕名来体验这栋建筑物的魅力。邱承汉在香港的演讲也产生了发酵作用，吸引到了观光客来体验"叁捌"、认识盐埕。

　　"走进叁捌，你不需要特别花力气去接受旧与新的冲突感，也不需要花时间习惯老建筑与新设计的并存——因为它和谐得不需要你多费力气，在不经意间便诉说了好多故事，呈现了承汉和外婆的联结。"曾入住"叁捌"的成若涵分享。这位以台北为基地的年轻纸雕艺术家特别擅长将景观、故事加入创意纸雕艺术作品中，2014 年曾受邀到"叁捌"进行"驻村创作"。邱承汉与管家们带着她认识盐埕的人事物，听了很多当地故事，这些都成为她纸雕创作的素材。

创业，梦想和现实取得平衡最美

　　邱承汉决定创立"叁捌"之初，便清楚这不是自己一个人能独立经营起来的事业，很早便开始筹组管家团队。目前"叁捌"有三位管家，依据各自原本的专长，分别负责房务、活动策划、书写记录和展览规划。管家 Angel 说："他其实是很严格的老板，但是给我们很大的空间。"宓蓉则说："他比我们员工还爱玩，也很鼓励我们出去玩，这样才有热情来看每一件事，来面对客人。"

　　而经营事业最重要的财务，则由邱承汉自己负责，也因为他有商业管理的专业背景。看似文艺的"叁捌"，背后其实有很缜密的成本计算："我自己是商管的背景，所以会要求活动与展览不能赔本。我不特别花钱去做活动，一定要有门票或是场地费，不然就是计入营销成本，也要晓得未来会如何回收。出版的《什货生活》我希望让更多人可以看到，所以要控制成本，但是是要压低印刷成本还是通路成本便需要去取舍。最后决定印刷不用太精美，售出 400 本就能打平，这样我们才有机会持续做。"

　　邱承汉还和当初合作的设计师辜达齐共同成立了"一起设计"工作室，

叁捌旅居应用博物馆策展手法，融合老婚纱店素材和新的
建筑设计元素，再现幸福物质文化

正美礼服
幸福物质文化

＋

博物馆策展手法

建筑设计
活化旧空间与
老物件

叁捌旅居
民宿×展演×活动×
小旅行体验×在地记录

希望能结合建筑空间设计的专业，呈现盐埕甚或高雄的崭新面貌。

邱承汉在理想与现实之间取得了一个美丽的平衡，以"叁捌旅居"延续了"正美礼服"的身影，带着旅人穿梭在新旧融合的美好时空。他不仅成功地利用、再现了盐埕精彩的"幸福物质文化"，也展现了在地文化的新活力。

《什货生活》：充满故事的盐埕民族志

"舅婆，能不能请你说一下那时候你怎么学做头发的？"邱承汉带着一名管家到"叁捌"附近的正丽美容院访问他的亲戚，想了解以前他们如何和"正美礼服"合作，也想记录下那个年代盐埕区美容业的故事。"其实以前这些长辈都认识，但都没有好好去聊过。"他说。

"书写"盐埕，用文字记录下这个区域的故事，是邱承汉一直想做的事。"其实也在担心，如果现在不去记录，未来就不知道会变成什么样子了。"邱承汉说出他的担忧。

随着盐埕地区的老化与都市更新，总有一些店家迁出或是结束营业。在邱承汉眼中，如果不趁现在用文字或是影像记录下来，很多盐埕的历史、口味与记忆可能就要被遗忘。2014 年，他和有编辑经验的曾国钧合作，实现酝酿已久的想法，发行实体出版品《什货生活》。这本刊物是"叁捌"2014 年到 2015 年的重要工作目标之一，推出《食》《衣》《住》《行》4 期，介绍盐埕生活的各个面向。

因为开始做在地采访与调查，"叁捌"有如人类学家做民族

志工作的"田野基地"。原本学人文社会科学的管家宓蓉以及编
辑曾国钧，访问了附近许多店家。除了历史，刊物中也呈现现在
的盐埕人怎么吃、怎么穿。《什货生活》不仅丰富了旅人的盐埕
之旅，更成为无形的文化资产。

　　而作为盐埕历史一部分的"正美礼服"，是邱承汉从小到大
的回忆，自然也是他想要整理与书写的目标。于是，外婆的口述
历史、家里收藏的影片、过去留下来的账本等，都被一点一滴地
收集整理。他期待未来有一天能出版这些内容，让"正美"的历
史和那个消失的时代能被更多人记忆。

挖掘厚数据

博物馆、物质文化与人类学

"博物馆"可以说是人类学家与学子们在学院以外最能发挥专业特长的职场领域。

根据英国博物馆协会定义，"博物馆使人们探索其藏品，以追求灵感、学习与享受。相关机构搜藏、维护文物和标本，并使它们能被公众所应用。博物馆受社会的付托，保存这些物件。"

早期的人类学家往往也扮演博物馆学家的角色，将田野收集的文化器物送回博物馆作为标本妥善保存。现今世界各大博物馆的收藏，有很大一部分就是早期民族学田野调查中收集而来的，台湾大学人类学博物馆即为一例。

另一方面，在器物收集的基础上，人类学家也发展出了"物质文化"的研究领域，探讨器物在文化脉络里如何被使用，在社会生活之中又有何功能与意义。

● 物件展示、参观体验的设计，须以人为本

博物馆现今已经成为一门独立专业，将馆内的"展示、典藏、教育、管理"等部门做了更精细的分工，并尝试运用更多不同的媒界让观众充分融入展览情境中。

要在展示领域扮演好一名策展人，人类学的基本功力不能

少。一个好的策展人，其实就是要扮演好展示物件与观众之间的桥梁，引领观众进入展示器物的原生脉络之中，或通过安排器物的展示形式，设计人和器物之间的互动，传达展览想要带给观众的概念与体验。此外，"参观博物馆"同样是需要被设计的"服务"。博物馆的策展人也必须像设计人类学家一样，观察并了解博物馆参观者的行为模式，借此设计出理想的参观体验。

随着数字科技的进步，当代博物馆里的策展人需要学习的也更多。例如，如何应用数字科技表现展品？如何经营博物馆的网络社群？如何发展与应用"数字典藏"？但这些新面向的应用，都还是需要回到"人"的基础，应用人类学的基本态度与精神，才能事半功倍。

锻 炼 你 的 人 类 学 之 眼

地方知识
LOCAL KNOWLEDGE

地方知识，一般指由地方语言、历史与生活经验所构筑起来的知识体系，承载了地方的文化风俗与价值观。

口述历史
ORAL HISTORY

一种记录历史、记忆与文化的途径，该类资料源自人的记忆，透过亲身生活于历史现场的报道人之口述，留下文字、录音、录像等原始记录。

地名即故事，相传地方的价值观

人类学家基思·巴索（Keith Basso）的田野地，位于亚利桑那州弗德阿帕契印第安保留区里的西贝廓社区（the community of Cibecue on the Fort Apache Indian Reservation）。他做田野的第二天，发现自己无法正确地用阿帕契语念出眼前沼泽洼地的名字，便向他的阿帕契报道人查理士道歉。

"对不起，查理士。我没办法了，我之后会再找机会试看看。这不重要吧！"巴索说。

"这很重要。"查理士回答，接着转头用阿帕契语向同行的墨雷说：

"他（巴索）错了。这很不好。他太积极了。为什么他要这样急躁，这很不尊重。我们的祖先就这沼泽洼地的真实样貌定下了名字，这样做是有原因的。他们很久很久以前就先这么说了。他正在复述我们祖先的话语，但他自己不知道。告诉他，他正在复述我们祖先的话语。"

巴索发现西阿帕契人对居住的土地有独特的感情，常用村落里发生过的事件来命名一个景观，这些景观也承载了阿帕契族的价值观。在名为"坐落在拥挤聚落上的粗糙石头"这个地方，流传着以下故事："很久以前，一个男人被他的继女吸引了。他、继女和继女的妈妈三人住在'坐落在拥挤聚落上的粗糙石头'的下方。某天，等到没有人的时候，他坐到他的继女身旁，猥亵她。女孩的舅舅突然来访，用一块石头杀了那个男人。舅舅拖着尸体到'坐落在拥挤聚落上的粗糙石头'上方，把尸体放在那里的一个储物坑里。女孩的妈妈回到家，女孩告诉她发生了什么事。储物坑的主人后来移走了尸体，放到别的地方。但人们之后再也没有找到那具尸体。"

这则故事讲的是乱伦禁忌。向巴索说这个故事的是班森·雷维斯。班森对巴索说，他特别注意到最后尸体的处境。他推测这个储存坑洞的主人应该也是这家人的亲戚，最后处理尸体的方法，象征要彻底断绝关系。

萝拉·马修斯跟巴索说了另一个"穿越布满桤木树的小道"的故事："男孩和女孩新婚。他不知道应该在她的祖母来访（月经来潮）时回避。所以他去烦她……接着男孩病了。生殖器变得异常肿大，小便也非常痛苦，只能捂着裤裆走路。某个人告诉他，'妻子祖母来访时别去烦她，要离她远点。'并给了他一些药，'把这个喝下去，你就没事了。你不用再感到羞愧，也不用再捂着裤裆走路。'"

在这里，故事就是每个地方地名的一部分，当一个地方的故事在族人里流传，不仅让族人对这个地方产生了在地性的认知，也让人们知道了应该遵守的道德规范。

西阿帕契人对巴索解释地名的意义："故事不可以和地方分离，不可以和具体的土地分离。故事就是这些土地的一部分，未来的子孙不可能失去这些故事，因为他们就在这些地理素材上生活。你不可能活在这处土地上而不去问、不去看、不去注意一块圆砾或是巨石。那里永远有故事。"

✔ 思考

我们对某些地方的称呼，是否也有类似西阿帕契人的命名方式？

许多"地方"对于我们的意义不只是空间，还承载了价值观的传递。我们该如何捕捉不同群体的"地方知识"呢？

参考书目：

Keith H. Basso. *Wisdom Sits in Places*. University of New Mexico Press, 1996.

第十一章

许赫：
开一家书店，诗人
快乐做田野

诗人老板许赫把书店当成人类学家的田野地。在淡水重建街的心波力幸福书房，他努力理解地方脉络，与社区建立联结，从而分析需求、探索生存之道。他期待，这家街角的小小书店能从"书"出发，向外扩散与渗透，联结地方与人。这就是一场美好的冒险！

星期六早上九点，淡水重建街的街尾，一家小书店拉起铁门准备迎接一天的生意。个儿不高、蓄着胡子的老板把桌子从店里搬到店门口叠架好，在清空的地板上铺上彩色地垫。不多久，爸爸妈妈们带着小孩来到这里，准备听方方姐姐说绘本故事。说故事活动进行时，书店老板赶去了不远的淡水红楼前面的广场，气喘吁吁地指挥志工摆桌，为下午的"淡水红楼106市集"做准备。到了下午，老板站上讲台，带领来自高中、大学诗社的同学们，一起在晴空下、古楼边朗读诗歌。

这位活跃的书店老板是诗人许赫，在淡水老街经营心波力幸福书房的人类学家。

开社区型书店，联结在地人的心

心波力幸福书房就像现在所有的独立书店一样，充满了故事。

书店不大，约十坪的空间分为前后两段。靠近马路的前段主要陈列人文类书籍，以及与其他独立书店共同精选的好书；后段则以儿童读物为主，主要是适合小学以下学龄的儿童绘本，兼有儿童玩偶与教具。有别于大型连锁书店，"心波力"是一间为了社区而开的小书店，接近主题型或书展型书店的经营模式。书店选书以符合社区妈妈们的需求为主，经常举办亲子活动。社区里的爸妈可以带着小孩在书店共度一段阅读的快乐时光。

名称中"心波力"的含义有复杂版与简单版两种解答。支持许赫开书店的姐姐喜欢波力（poly）这个词，它在理工科知识中是"多链键"的意思，

百 工 里 的 人 类 学 家

许赫："在人类学、民族学的学习历程中，我得到最重要的启发就是做田野调查的心态和能力。在掌握需求的过程中，一定要有'田野'的心态，才能搞懂问题。"
● 心波力幸福书房联合创办人、诗人
● 曾任台湾"中研院"数位授权经纪人、台湾资策会数位创意中心规划师、台湾文化主管部门文创辅导陪伴计划辅导顾问
● 台湾政治大学民族学研究所硕士
● 著有诗集《原来女孩不想嫁给阿北》《骗了50年》《网络诈骗高中生：计算机工程师会喜欢的诗》

就是分子和分子联结在一起变成一个新的东西，中间联结它们的就是"波力"，"心波力"象征"心被联结在一起"；同时，这个词也可以译成"聚合物"，所以"心波力"也代表"心的聚合物"，象征这是一间通向幸福的书店。至于店名由来的另一个简单版本，就是"Simply"。

把书店当人类学田野实验室

在新地方展开新事业，许赫抱持着人类学家做田野的精神，努力捕捉地方知识，"来到淡水，就像是人类学家做田野工作一样，到一个新的地方重新开始，透过生活来认识地方。"

随着对淡水越来越熟，许赫感觉这间书店应该有不同的任务，"'心波力'本来开在捷运站旁，那时的经营方式很像社区成长中心，跟我心目中书店的感觉差得有点远。那个社区给人的感觉也和'书'有点距离。那段时间我在淡水四处参访体验，发现重建街是很有历史魅力的地方——它是淡水的第一条街，也慢慢有很多有人文味的人与店面进驻。所以，我们把书店从捷运站旁边搬过来，变成了老街上的一家书店。"

"心波力"2014年初搬到重建街后，许赫以书店为起点，开始了他在淡水的民族志式田野工作。跟着许赫走一趟重建街，他能滔滔不绝讲出沿途各个店家、住户的故事。从一开始的陌生，到慢慢地跟整条街融为一体，甚至还能扮演一个小意见领袖。许赫经营书店不急着要赚钱，"心波力"更像是一个人类学田野实验室，在老街做一场书与文化的实验。

"过去的田野训练带给我最大的收获是：喜欢与人接近、不怕生、能跟人聊天。我像是一个新移民，从外县市到这里开店，然后慢慢开始参与淡水的活动、接触淡水的小巷弄，才发现淡水有非常多迷人的地方。过去，这里曾是一个很大的通商口岸，有繁华的过去与重要的地位；相对来说，现在的

图 11-1

图 11-2

图 11-3

图 11-4

图 11-1—图 11-3
心波力幸福书房采取复合式经营，与社区联结紧密。

图 11-4、图 11-5
重建街创意市集是品味淡水在地人文的理想窗口。

图 11-5

淡水反而成了一个不怎么热闹的观光小镇。我希望开在这里的书店可以更了解在地、跟地方联结，透过对在地脉络的认识做更多事，让书店不再只是书店，从'书'向外扩散与渗透。"

许赫有很多计划，其中一个是和街上的几家店合作，为他们设计"主题书柜"，把书放进他们的店里去，通过人与人的互动让阅读渗透到其他店家，让更多人在淡水有机会亲近书。

随着在重建街做田野，"心波力"也跟着调整选书策略。看见来到重建街的观光客很多都是文青，他们来这条老街追寻历史的痕迹，所以许赫更加强调了人文取向的选书。另外，他也发现，社区里的妈妈需要更多可以直接启发幼儿的故事书籍，所以增加了儿童绘本的比例，并开始举办各类型的亲子活动，例如最受欢迎的"方方姐姐说故事"，书店小小的空间常挤满近20位爸妈和小朋友一起听故事。另外，书店还有插画家陪小朋友画画，和小朋友一起将创作出来的角色优化，创作绘本故事让小朋友带回家。

这样的策略正好满足了淡水这一带很多年轻家长的需求。"我们从淡水新市镇开车来书店。淡水有很多像我们这样的年轻父母，因为这一带房价比较负担得起，但是这里的文教、亲子服务的机能还不足。我们在脸书上看到其他妈妈分享星期六上午带小朋友来这里听大姐姐说故事，就跟着一起来看看。"一位妈妈分享。

以文化观点剖析地方经济行为

创业以来，许赫本着人类学的精神，试图理解当地文化脉络中的"消费痛苦"："我想理解周边的人怎么生活？他们的经济与文化行为、生活脉络里有什么需求无法被满足？有没有什么'消费痛苦'，就是明明花了钱，却还没办法被满足的需求？"

　　书店到现在还不赚钱，许赫的家人和朋友都会问他要如何让书店获利？"书店本身就是一种文化财，它必须累积文化的信任感，所以我不急着要它变成一间赚钱的书店，反而觉得它应该先在文化上扮演一个角色。当它在一个文化脉络里是被需要的、在生活情境里是一个必需品的时候，它应该是卖什么都无所谓了。"

　　许赫的关怀与想法，尤其是对人类社会的经济行为的反思，从他在台湾政治大学民族学研究所的硕士论文《福建七踏畲族村亲属研究》就可明显感受到。

　　七踏村位于福建北部的畲族自治区，许赫在那里待了几个月，挨家挨户访问，收集每一住家的"系谱"，也从日常生活中观察畲族人和亲戚之间以什么习俗维持彼此的关系。

　　"那时一边收集系谱，一边收集他们整年度经济活动的相关资料。因为他们务农，春节后开始农忙，一直忙到中秋节，秋收以后就进入他们的仪式季节。这时，人们没事就到处串门子，进行一连串因为亲属关系而来的行动。因为要准备过年，需要花钱，要买新衣，所以他们会有一段时间到都会去打零工，赚取可以速得的收入，这些是务农无法立刻得到的现金。"

　　最令许赫津津乐道的，是七踏村畲族人独特的经济活动。"我做田野时，深刻感受到生活形态、文化习俗会直接影响经济生活。例如，台湾已有很成熟的包红包习俗，是一种经济行为的进化；而畲族的礼仪和习俗仍是处于一个'以物易物'的环境。我到七踏村是公元 2000 年，他们的礼物还是猪肉和饼，不是红包。作为礼物的猪肉送到畲族人家，这家人就要想办法处理掉，吃掉、宴饮都可以。冬天时家家户户都会收到猪肉，整个屋子挂了满满三排肉，但不能转送出去，因为它们是礼物。"

　　"畲族人每年要养很多猪，要去计算一年当中逢年过节时送礼要送多少猪肉出去。畲族人每逢 50 岁、60 岁、70 岁做寿要送礼，婚礼、丧礼也要送礼。所以他们年初就会盘算今年可能有哪些礼要送，要先把猪养好。他们杀一头猪可以卖 5000 元人民币，每户可能养 5 头到 10 头猪，换算成现金会是很好的收入，但他们不换现金，就当肉吃掉。如果把猪肉换成红包，10 头猪可能就价值 25 万台币。假如我以红包作为礼物，实际必须付出的金钱可能只有 5 万台币，其他所需物品若用交换的，代表我可以省下 20 万台币；但当 10 头猪都是礼物不能转送，就一点也不剩了。礼物不能再转送的习俗，大大影响了畲族人的经济生活。"

深入调查了如此单纯的经济体系之后，许赫更加有兴趣探求资本主义以外其他经济形态的可能性了。这些经历也让他对经济与财富抱持着不同于一般人的豁达，因而才使经营书店变得像是一场田野实验。

创新经营策略，快乐生存实验

"让自己融入在地社群"一向是人类学家进入田野的首要策略，"心波力"搬到重建街后，许赫主动加入了街上的互动，和在地团队一起在周末经营"重建街创意市集"，也帮忙向观光客导览重建街的故事。当淡水红楼邀请当地团队合作策划"淡水红楼 106 市集"时，许赫发挥诗歌专长，在市集主持诗歌分享会，带领学生诗社、地方艺文团体朗诵各自的诗歌创作。

然而，这些业外活动很难直接转换成为店里的生意，也无法快速、稳定地增加营收。因此，像"心波力"这样的小型独立书店想要存活，就得想出各种办法，不断调整。例如，与其他独立书店联合向经销商进书或直接进二手书来卖，提供复合性服务如手冲咖啡，和马来西亚华侨合作创立"貘咖喱"品牌，推出书店特色咖喱餐，举办讲座、课程与活动等。这些都是许赫经营书店的策略。

许赫认为，现在书店很难只依靠卖书的营收存活，要创新、要打破这个僵局，就一定要采用别的方式。一般书店会强调折扣优惠，而用"十一折"卖书就是他反向思考的实验性对策之一。

许赫大胆发起"10+1专柜"计划，与其他十家独立书店（晃晃书店、Stay旅人书店、有河book、小小书店、旧香居、永乐座、南崁1567、荒夜梦二、瓦当人文书店、新手书店）一起合作，每家书店挑选推荐20本书，书价是"10+1"，即在原价基础上再加一成，用十一折的价格卖书。"我们

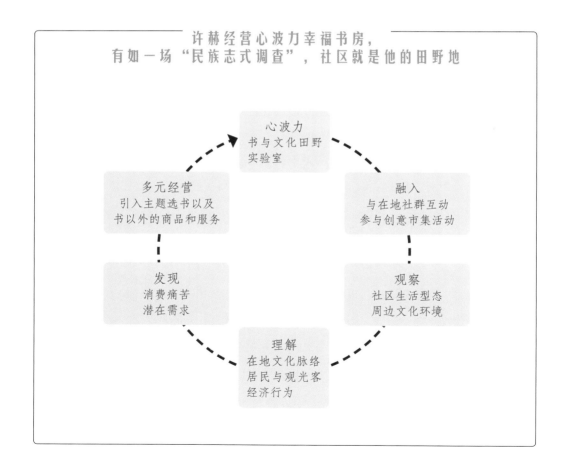

许赫经营心波力幸福书房，
有如一场"民族志式调查"，社区就是他的田野地

心波力
书与文化田野
实验室

融入
与在地社群互动
参与创意市集活动

观察
社区生活型态
周边文化环境

理解
在地文化脉络
居民与观光客
经济行为

发现
消费痛苦
潜在需求

多元经营
引入主题选书以及
书以外的商品和服务

不一定要用折扣战的方式来卖书，而是要让读者相信，在独立书店遇到好的书，绝对值得立刻掏出钱来，多花的一成服务费绝对有价值。"许赫说。这样的做法听起来有点理想化，但真的有不少读者支持。

许赫把市场看成一个田野地，开书店有如一个尝试的旅程，在冒险中的未知也是美好的，"书店的新变革、新做法，都是因为我们觉得有趣、可以带来欢乐所以才去做，可以说是我自己任性。另一方面，我觉得要从原本的商业逻辑外去尝试，才能找到新的可能性。通过各种尝试，加上田野的观察，我相信慢慢可以找出一条生存之道。"

挖掘消费痛苦，寻找书店的另类经济

以融入社区为目的的志愿服务、不以赚钱为首要目标的书店，若从创业角度看似乎都太不合理，但在许赫来讲，他的田野实验正是想透过这家书店，找寻经济上的另一种可能：

"我们还在建立身份的阶段。等身份建立之后，无论是带动消费还是做些其他的事都可以。我觉得这件事情很重要，所以一直持续努力，也在不断调整书店的经营策略。比如说，书店本来在捷运站旁，一个礼拜可以办五场活动与课程。搬到重建街后，重心放在创意市集上，就是联结书店与老街之间的关系。如果我还是关起门持续做原本的活动与课程，可能会跟环境格格不入。所以，我们花了一段时间跟老街产生关系，同时深入当地的生活脉络，寻找人们生活或文化脉络里没有被满足的'消费痛苦'，然后我就可以引入解决的商品或服务，书店就能找出另一种生存之道。"

许赫一直强调做田野，这是他过来人的心得。"我觉得在人类学、民族学的学习历程中，我得到最重要的启发是'田野的心态和能力'。"他从以往的学习与职场经历中发现，人类学的训练是他最珍贵的资产，在分析需求的时候有很大帮助：

"若在一般公司，我们大概会做企划工作。而无论是在项目管理或在公关营销领域，有一个很重要的概念是'需求分析'。我接触到的数码学习、数码典藏、数码授权，甚至是活动营销企划，都必须经过'需求分析'的步骤。因为田野工作养成的心态，我比较能设身处地思考所谓的需求是什么？无论是从顾客的抱怨还是暗示，他们的需求其实隐藏在聊天中的很多细节里。在掌握需求的过程中，我觉得一定要有'田野'的心态，才能搞懂问题。"

创业，理解过程的意义就开心

对于"心波力"的未来，许赫开放给各种改变：

"老街会一直改变、书店也会一直改变。书店会因为我们越来越了解这一条街以及社区文化脉络里的需求，变成可以在这里好好生存的一间书店，可能是得益于书的衍生效益，也可能是活动或其他。我们还在尝试，没有包袱。'心波力'的未来，会在社区、居民、周边文化环境互动的状况下被创造出来。也许十年后，就是我最理解这个地方的时候，也有可能中间这段时期书店会不存在一段时间，但我们会试图去发现它可以是什么。"

在一般人认为辛苦的独立书店经营过程中，许赫其实从"心波力"享受到了属于人类学家的乐趣——融入、观察、试图理解，然后发现背后有趣的文化脉络是什么。对他来讲，那是乐趣。

从创业到现在，许赫走的是一条发现的路，"我是一个重视过程的人。很多人会觉得无论过程是什么，结果最重要。可是过程中的每一步都是有意义的。我想要'理解过程'，希望理解每一个步骤，它的意义在哪里？转折是什么？找到那个新发现，它的意义就已经完成了。我正在走一条发现的路，也许是摸着石头过河，但知识的来源要靠自己去发掘。"

许赫的心波力书店有如一场田野调查，而这正是他最不愿意出卖的，独属于诗人人类学家的理想与浪漫。

许赫的神话故事诗

　　许赫从念高中就开始写诗，大学进了民族学系之后，把很多田野经验转换成了诗的形式。他形容自己的风格是："告别好诗，舍弃各种技法上的追求，自由自在的，讲述个人的关怀与想法。"或许是因为学习过民族文化与神话，他的诗读起来有一种现场感与魔幻感。下面这首诗很像是人类学家的田野笔记，带读者进入了田野的现场，走进了人类学家的沉思。

《到处旅行的房子》

二婶婆在彰化一座大庙找到了
大厝的柱子

二婶婆还在读初中的时候就跟二伯公订了亲
他们的恋爱在结婚五年以后才开始
嫁进来的隔天大婶婆带她在屋子里绕了一上午
大婶婆让她选一根柱子
在离地上几公分的地方偷偷写上自己的名字
那是她们做媳妇的秘密规矩
说是媳妇要撑起这个大家庭的意思

大地震以前好几年二婶婆一家就搬出去了

自从二伯公癌症过世以后

不知道为什么

二婶婆待在屋子里就会莫名其妙地泪流不止

大地震以后大厝荒芜了好几年

整个屋顶被拆分装箱屯在

叔叔彰滨工业区工厂的仓库里

砖块木板捐给乡公所盖文物馆

二婶婆每次经过都会流眼泪

几根大柱寂寞地站在老厝旧址的大柱子

后来不见了

在某个除夕夜被连夜运走不知去向

二婶婆在彰化一座大庙找到了

大厝的柱子

上个月二婶婆跟了一个陌生的进香团

一进那大庙就开始流眼泪

新修的大雄宝殿都是漆得红艳艳的柱子

在其中一根柱子底下看到刘宝蒂这个名字

不是捐献信徒的名字

是二婶婆的名字

挖掘厚数据

社区营造与人类学

人类学家的研究工作多在部落或是社区之中，于当地长期工作后常转换成为协助地方的角色。正因为人类学家不仅仅拥有在地研究的基础，也具有学术上的知识、位置与资源，因此可协助当地面对外在社会的挑战，也能成为在地与国家，甚至是全球贸易之间的重要帮手，相关研究可见"应用人类学"或是"发展人类学"等领域。

● **利用人类学方法取得地方知识，是社区营造的起点**

人类学融入在地社会、获得在地观点的民族志式田野调查方法已成为社区工作者、以社区为场域的社会工作者的重要方法论，强调要从人类学的精神出发，以在地社区为主体来规划区域未来的发展方向。

台湾地区 20 世纪 60 年代开始形成"社区发展"的核心理念和推动政策，并于 1994 年将之发展为"社区总体营造"的概念。

一般来说，社区营造指针对不同种类的社区议题发起各种行动，日本宫崎清教授认为，这些议题涵括"人、文、地、产、景"五大类：

● 人：社区居民需求的满足、人际关系的经营和生活福祉之创造等。

● 文：社区共同历史文化之延续、艺文活动之经营及终身学习等。

● 地：地理环境的保育与特色发扬、在地性的延续等。

● 产：在地产业与经济活动的集体经营、地产的创发与营销等。

● 景：社区公共空间的营造、生活环境的永续经营、独特景观的创造、居民自力营造等。

不管是哪一方面的社区总体营造，都需要以对在地的认识与了解为前提——这正是人类学方法最能发挥所长之处。

之四

餐桌上的人类学

一餐一食，展现饮食风景、风土特色！

锻炼你的人类学之眼

共食
FOOD SHARING

分享与共同食用食物是人类最常见的饮食文化之一，从狩猎采集、农业到工业社会都可以看到人们分享食物，共食的意义则随着不同的社会形式有所不同。

家社会
HOUSE SOCIETY

由列维-斯特劳斯提出，概念源自中世纪西欧贵族的"家"，借由"家名"或重要物品的传承而使其延续下去，是拥有物质与非物质性财富的法人团体，具有共同居住与亲嗣关系（filiation）之辩证系统的共同特征。家社会的重点不在于追溯血缘脉络，而是日常生活中亲属关系的实践与运作。

共食凝聚关系，重新定义"家人"概念

时间回到 1980 年，地点在马来西亚西侧兰卡威海边的一个小渔村，人类学家珍妮特·卡斯登（Janet Carsten）发现当地对于"谁是一家人？"有独特的观点。

卡斯登和当地人一起生活后发现，兰卡威人非常不认同"到别家吃饭"这件事，他们不喜欢到别人家吃饭，拜访后总是要回到自己家里用餐。新生儿的母亲也都强调要亲喂母乳，许多奶水不足的母亲会对自己的孩子感到内疚。

卡斯登经过田野调查后发现，在当地人的观念里，当地称为"哒波"（dapur）的炉灶在家中的地位非常重要。对他们来说，受孕是父亲的种子与母亲的血共同混合所造成。在母亲的子宫里，两者混合形成胚胎，并靠母亲的血的喂养逐渐长大。因为食物会转换成人体内的血液，这让食用同一个炉灶煮出的食物的人，体内有了相同的物质，也让他们成为一家人。

也就是说，对于兰卡威人，谁能成为这个"家"的一分子，血缘不是唯一的标准。能共同生活在一起，特别是吃同一口炉灶煮出来的食物，成为他们识别"谁是一家人"的重要方式。因此，家庭内一个收养的成员，经由一起生活、一起吃食，逐渐成为一家人，甚至比同一血缘但被其他家庭收养的手足来得更为亲近。也因此，即便一个家屋里有三对兄弟与他们的妻子，因为是"一家人"，也都得吃同一个炉灶所烹煮出的食物，不能各自"另起炉灶"。所以兰卡威人说："坐在一起不重要，但一起下厨很重要。"

兰卡威人关于家的概念，被人类学家称为"家社会"。在这样的

社会里，对亲属关系的认定过程，日常生活的实践往往比血缘来得更加重要。

卡斯登也发现，在兰卡威的"家社会"更为强调"平权"与彼此之间的相似性，而不是列维-斯特劳斯所强调的阶级式关系。

中国台湾地区的少数民族虽然没有如此明显的"家社会"色彩，也常见到"共食"发挥重要的社会功能，例如泰雅族的"gaga"组织就强调了组织成员之间食物分享的重要性。

而在台湾地区的各个角落，许多地方小旅行、民间活动、庙会庆典等，也会透过食物的准备与分享或"共食"的仪式，凝聚参与者的感情、加强认同感。

✔ 思考

我们是否也因为吃食同一口炉灶成为"一家人"？

你是否注意到在日常的人际互动中，我们其实对于"谁是一家人"有不同于血缘的定义与边界？

参考书目：

Janet Carsten, *The Heat of the Hearth: The Process of Kinship in a Malay Fishing Community*. New York: Oxford University Press, 1997.

第十二章

洪震宇：
用小旅行、风土饮食
说故事

洪震宇以"故事人"自居，长年记录小地方的风土饮食，通过人类学的田野经验，挖掘在地故事与日常生活题材，整合资源，与地方人士合作推动在地小旅行。让旅人像人类学家一样，到现地、看现物、吃在地，开放五感体验小地方文化，玩得有态度又有深度。

"**这**应该是他今天换的第三套衣服！"

一位旅人发现洪震宇似乎无法忍受自己有一点汗臭味，每两个小时就找机会换一件上衣。大概只有喜宴上的新娘才有这么高的换装频率，这让一起参加"甲仙小旅行"的人更难想象眼前这位型男竟然能对甲仙这个山地农业乡如此熟悉。

"以前学长姐说做田野很舒服，我那时候不懂！"洪震宇说。只见浑身散发时尚感的他熟练地穿戴农夫用的防晒袖套、斗笠，扛起锄头，带领参与小旅行的旅人们一起去体验农活。身先士卒的态度不仅让在地人有亲切感，也带动了旅人们一起弯腰下田。洪震宇和旅人们在甲仙的"触角"是全面伸展的，像人类学家一样，把自己完全放开去体验这块土地。

　　眼前一派农夫模样，很难想象洪震宇是台湾"清华大学"社会人类学研究所社会学组毕业，当时的硕士论文写的是《从金融压抑到金融开放——剖析 1990 年代的金融开放政策》这样的硬题目。他回想，这个阶段虽然身边有很多念人类学的同学，但那时他的研究过程都在爬梳文字资料，还没有养成"质化"研究的兴趣，更别说人类学的田野调查了。

　　研究所毕业后，洪震宇成为商业杂志的财经记者。之后曾转换跑道任职时尚杂志，后来又重回财经杂志。在这个阶段，他担纲了《天下杂志》"三一九乡镇"专题负责人，坚持报道要用好照片直接建立起地方印象，从文字叙述到视觉，共同传递地方的人文之美，杂志销售量扶摇直上，也得到了地方的肯定。

百工里的人类学家

洪震宇："我从人类学里得到的最棒的是，你的身体要去体验那件事情！你没有用身体去体验，用你的感官去感受，那认识就会不够深。"
● 故事人、作家，推动在地小旅行，持续进行节气饮食、城乡风格的田野踏查，提倡培养用故事传递专业知识的思考能力
● 曾任《天下杂志》创意总监、副总编辑，策划过三一九乡专辑，亦曾任《GQ》杂志国际中文版副总编辑
● 台湾政治大学社会系学士、台湾"清华大学"社会人类学研究所硕士
● 著有《信息梦工场》《旅人的食材历》《乐活国民历》(与彭启明、李咸阳合著)《风土餐桌小旅行：十二个小地方的饮食人类学笔记》等

发掘地方食材和生活脉络

"三一九乡镇"的田野调查让他培养起对地方饮食文化的兴趣，也开始注意到台湾地区的农业与在地饮食的关系。"食物有益于思考，Food is good to think。"洪震宇引用结构主义人类学家列维-斯特劳斯这句话，来表达自己如何以人类学精神来思考饮食文化。

"我特别喜欢在农家或餐厅尝试一些我没有吃过的菜。和制作者们聊才知道这些菜之所以不能成为固定菜单，原来背后有地理条件、节气、族群等因素的影响。我开始探索食物背后的文化脉络，而要了解其中的复杂关系，就要进入日常生活里面，所以也对地方日常生活产生了兴趣。"他解释。洪震宇展开了一次面向全台湾地区的食材踏查，之后结合养生观念汇整成《旅人的食材历》一书，记录下了台湾这座岛屿上食材生产者的故事与真实的农业现场，也告诉读者如何吃得健康、吃得"着时"（合乎时节）。

在做食材踏查的过程中，他在部落里遇到了很多与饮食经验有关的"文化震惊"，令他特别难忘的是一位阿美族朋友的日常饮食生活：

"我台东阿美族的厨师朋友，叫耀忠，他拿了一条这么大（两臂张开）的旗鱼现场切刺身给我吃，就是一整条鱼摊在桌上，它的鳍被拉起来，眼睛瞪得大大的，好像还活着，跟我们通常看到的旗鱼生鱼片很不一样。另一个晚上，他问我要不要看螃蟹，我说好，结果他戴着头灯就到海岸岩石那边去找。在一片黑暗中，我只听到浪声，看到那个隐隐发光的头灯在跑，三十秒后他回来了，手上抓着两只螃蟹。他把螃蟹放在地上让它们爬，说它们在做冬季奥运比赛。他对食物的诠释有他的笑话与乐趣，这就是他的生活。"

就像人类学家进行田野工作一样，洪震宇到了一个地方，总会从饮食细节出发去建构当地的文化图像。他坚持入境随俗，当地人吃什么，他就跟着吃什么！特别是各种庶民食物，尤其是工人的点心、农民的零食等，更是不会放过，他从中发掘到了当地生活的丰富样貌。

"早餐对我而言很重要，有一次我问耀忠：'你早餐吃什么？'他说：'我们早餐没有东西吃，没有面包。'那你们吃什么？我问。他说冰箱（太平洋）打开就有'龙虾稀饭'。这些日常饮食的差异让我体会到我们之间很不一样，原来我们都市人这么贫穷！"

创造小旅行：小地方、少人数、少移动、深体验

2011 年，洪震宇第一次和风尚旅行社的游智维合作，协助台东池上、关山一带的民宿经营者设计旅游行程。在考察过程中接触了阿美族的美食与歌舞，领略到了"体验"在旅游中的重要性。这一次的经验让他领悟到了自己真正想做的旅游绝对不是看风景的观光团，而是有深度、有体验的"小旅行"，并且事前必须通过田野调查去挖掘地方的故事与魅力，再将其融入体验行程。

"不同的旅行有不同的态度与诉求，'小旅行'是我命名的，也没有多想，就是代表在小地方、人数很少。因为人数一多，你很难跟地方沟通，我也不喜欢用麦克风讲一堆。所以要小地方、人数少、移动少，就在一个地方深度探索。跟一般旅行的差异至少是没有风景，因为风景自己来看就有了，可是'小旅行'一定要有人带你到那个现场，看现地，看现物，还要有身体的体验。"

把故事转换为地方经济价值

　　"故事人"，是洪震宇现在给自己的职称。不光因为在他现在的工作当中，教人"说故事"是很重要的一部分，也因为他协助各个地方挖掘故事，他看到了故事的重要性，也找出了将故事转换成经济价值的方法。在他眼中，说故事不等于地方文史介绍，而是用最亲近人的方式，把地方上发生过的事、在地的文化、特有的风土介绍给旅人。

　　和洪震宇一起工作或聊天，总可以感受到他有一种将田野调查所得到的内容转换为商业可操作的内部整合机制的思维，这应该和他财经方面的训练与工作经验有关，他不光强调"说故事"的重要性，也强调背后健全的商业机制不能少。他常把"经过就会错过，相识才有故事！"这句话挂在嘴上，但要如何让人不只经过，还能留下或是再回来？又该如何让人真正的相识，而非只是点头之交？当"故事人"在策划小旅行时，他也期许带给旅人们真正的故事体验，因为他相信在旅行中体验到故事，甚至产生故事，才能把旅人和地方联结在一起。

　　"其实，每个人都是说故事的人，每个人都会说故事，只看你有没有把'说故事'这件事情当成一个传达的方式。有些人每天都在说故事，只是他可能不知道，以为他说的是不重要的事情。我觉得，人类学是要挖掘到人深层的那一块文化脉络，包括他的身体行为、内心的故事。我只是把它们整理一下，使它们可以彼此串起来。旅行，就是在说故事。所以，小旅行，不是我在说故事，是当地人在说故事，他就是一个在地人类学者，只是他过去没有意识到。我们把客人带到他面前，在他的土地上，在他的餐桌上，或是在他的农事体验上，由他去说他的悲欢离合，说他怎么和这地方发生关系的故事，就是这样子。"

图 12-1

图 12-2

图 12-3

图 12-1
甲仙新住民文香跟旅人分享料理的
故事。

图 12-2
洪震宇希望透过小旅行让当地人说自己
的故事，他们就是在地人类学者。

图 12-3、图 12-4
甲仙小旅行的旅人乐于与当地居民互
动交流，下田体验农活，或学习用当
地食材做美食，贴近日常生活。

图 12-5
洪震宇亲自带领小旅行，述说当地风
土故事。

图 12-4

图 12-5

不当观光客，像人类学家一样开放五感体验

对洪震宇来说，细微的差异就是一个地方的魅力！也唯有人类学的研究方法，才能够让他看到地方文化上的不同，并且将这些转换成为旅行的细节，让旅人们对一个地方的印象轮廓更加清晰。

在他策划的小旅行里，总是充满各式各样的体验元素，特别是饮食的部分。"对我来说，食物除了好吃、好玩，背后还有节气、土地、风土，有文化的意涵。"当小旅行带着人一起用身体、用五感去体验一个地方，观光客才能变成旅人，甚至变成人类学家，才能从一个平凡的东西看到深层的东西，激发更深刻的思考。

"我从人类学里得到的最棒的是，你的身体要去体验那件事情！你没有用身体去体验，用你的感官去感受，那认识就会不够深。对我来说，食物就是要去体验它，不光去体验熟食，还要体验生食，要想它怎么来的？在哪里捕的？或是哪里种的？生的和熟的分别和社会关系又是什么？"

"小旅行"是洪震宇给自己的答案，要让旅行者和当地人，每个人都有机会成为人类学家，带着对一个地方的喜爱相遇，让故事变得深刻、精彩。"这是一个有态度的旅行，你一定要尊重地方，而且我觉得参加的人的心态应该比较谦卑。比方说，我们住在农村，没有冷气，一定吃当地食物，但是他会接受，因为他知道这本来就是不一样的旅行，也很愿意多跟当地人交流。"

甲仙小旅行，联结在地情感、经验、文化细节

近些年，在台东的关山与池上、花莲石梯坪、高雄美浓、云林西螺等地都可以看到洪震宇设计的小旅行。从 2013 年到 2014 年，他把最多的时间留

给了甲仙，也是在这里，发展出了更人类学式的旅行，更强调在地文化脉络对追求深度与体验的"旅人"的重要性。

洪震宇解释，"刚来的时候，甲仙爱乡协会与商圈发展协会各做各的，'爱乡'是社造单位拿文化事务主管部门的经费，'商圈'是拿经济事务主管部门的补助，很难一起合作。"2013年时，杨力州拍摄的纪录片《拔一条河》上映，造成话题。他知道时候到了，也想通过小旅行帮助甲仙从"八八风灾"重新站起来。于是他和当地的甲仙爱乡协会合作开始做田野调查，跟着地方上的人一起考察这个区域里的农业与饮食。他发现甲仙除了有丰富的农产，更有"移民"的特质：被日本人移来抵御山番的西拉雅族、从云林嘉义移动到此地的客家人、从东南亚各国嫁来的新住民，他们一起组合成现在的甲仙，让这里的饮食光谱充满了混合色彩。

在调查过程中，因为待得久、看得深，洪震宇会看到当地人自己都没意识到的特别之处。他们本来觉得那就是自己的生活，没什么特别的，但在洪震宇眼中，他们的生活就是旅行的元素，越日常越有趣。"跟着洪老师，我们认识了过去不知道的甲仙！"甲仙爱乡协会里一起经营小旅行的当地人这样说。

当甲仙的年轻人因为地方上缺乏工作机会而离开，在地的文化与历史变得无法传承之际，通过田野调查向老人家追问逝去的记忆、挖掘出快凋零的传统，对甲仙当地人而言是难能可贵的机会，有助于重新从自己的泥土上建立自信的脚步。

田野调查中观察到的文化细节成为洪震宇为甲仙小旅行设计体验行程的元素。不同梯次的三天两夜小旅行中，旅人可以跟着爱乡协会安排的地方讲师一起下田种稻、收割稻作、种芋头、摘龙须菜、为瓜类施肥，也可以跟着关山的平埔族"十八岁"老太太（当地八十岁称十八岁）一起做米食点心，和芋冰城的阿忠一起制作手打芋冰等。因为这些体验，旅行中吃到的食物都有了坐标，旅人也与脚下这片甲仙土地及生活其中的人们产生了自然却又深刻的联结。这些旅人或许是因为洪震宇的个人魅力，或许是因为风尚旅行社的品牌而选择了甲仙小旅行，但随着行程结束，他们都成了和甲仙这个地方"有关系的人"。因为午休时间有机会和村长聊天，他们意外地发现了一段被遗忘的历史；因为吃了来自柬埔寨的文香做的晚餐，他们一同感受到了新住民在这块土地上的认真与努力。这些都是旅行中自然发生且不能被取代的回忆，有参加者说："我以为这些体验只能在国外遇到，没想到在国内也有这样的旅行！"

小旅行对内整合、对外联结

对洪震宇来说，每一个小旅行都是一次田野调查工作。他总是在过程当

洪震宇运用人类学的态度与方法设计"小旅行"，
发挥向内凝聚、向外联结的双向效益，活络地方发展。

田野调查	地方内部整合	小旅行	地方发展
● 脉络思考 ● 参与观察在地生活与生态 ● 身体、饮食体验 ● 发现在地故事与日常题材 ● 挖掘文化深度	● 凝聚在地力量 ● 掌握地方特殊性 ● 串联文化细节 ● 设计有意义的体验 ● 把故事转换为经济价值	● 在地向外联结 ● 提供地方生活与饮食体验 ● 地方故事分享与互动 ● 创造旅人情感联结与回忆	● 活络地方经济 ● 增加外部支持力量 ● 强化在地自信 ● 持续提升服务质量与细节

中细心观察旅人和在地人的互动，竖起耳朵听他们之间的对话，因为这些互动与对话之中隐藏着许多在地情感、经验与细节，从中可以再去认识这个地方更多、更深。

在洪震宇眼里，甲仙小旅行发挥了对内整合与对外联结的效果。在对内的效果上，原本地理上不同的社区（如甲仙、关山、宝来、那玛夏）、不同的族群与社群（如新移民、爱乡协会与商圈发展协会）都因为小旅行而串联在一起，一同和旅人结缘。在对外的效益上，因为小旅行越来越成功，甲仙一步一步改变了台风灾区的形象，开始成为媒体、地方单位、公部门等都想合作的对象。

现在，甲仙已成为南台湾两天一夜、三天两夜小旅行的热门选择，地方人士也开始有能力发展出自己的农事体验旅游行程。但忧心小旅行创造出来的经济模式崩盘，洪震宇也再三提醒地方不要削价竞争，同时呼吁公共部门在分配资源时，避免直接补贴旅客的旅费。他认为，直接降低旅行的定价来吸引更多观光客，只是一种短暂的兴奋剂，无法真正改善地方的经济体质。相反地，把经费用在带动地方活络的讲师上，或是用在向小农买更好的食材来烹调，则能提升服务的质量与细节，让旅人有更好的体验与回忆，也让地方得到更多的自信。

在一次地方与公共部门共思甲仙未来发展的工作坊中，曾在纪录片《拔一条河》里一脸愁容、忧心风灾后重建工作的芋冰城老板阿忠，带着自信的口吻分享道："这一年来我们跟着洪老师从田野调查开始，到一起经营小旅行，我们可以说已经从风灾的悲情中走出来了！现在我的工作已经不是冰店老板，而是到处演讲，介绍'甲仙小旅行'！"

可以看见的是，曾和洪震宇共同努力、一起投入小旅行工作的甲仙人，包括爱乡协会的成员、商圈发展协会的成员、学校教拔河的教练、帮忙做饭菜的新住民等，都理解了"旅人"这个概念。对比周末开车上山快速消费后就离开的"观光客"，参加小旅行工作的甲仙人越来越清楚眼前这群旅人更愿意花时间认识地方、和在地培养感情、寻找深刻的文化体验。随着这样的认知越来越明晰，一同参与规划旅行体验的当地人也更加懂得如何去挖掘在地文化，并将它们骄傲地介绍给旅人！而那些曾经来过甲仙深度体验的人，离开之后亦成为当地农产、地产最忠实的顾客，会定期订购曾经入口的在地美味，更不忘关心甲仙朋友的近况。

洪震宇以人类学家的态度与方法设计出独特的地方小旅行，让旅人与甲仙相遇、相知，让相识产生深度，并将此转换为相惜的浓度。

洪震宇：像人类学家一样去体会、去运用同理心、去联结

1. 用创意联结不同领域

把你的观察研究能力转换成专业能力，需要有"联结"，"创意"就是最好的联结，而不同领域之间的联结才会有创意。人类学的学生应该跳出来看别的领域，看别的专业是什么，要换位思考，带着同理心去体会，看脉络在哪里，远观近察。不是从"我"出发，而是从对方出发，多吸收不同领域的观念与知识，然后联结到人类学，去跟它有更多的互动。

2. 从深层文化脉络，挖掘有意义的创意

如果你的创意对社会与人群没有深层的影响，它是没有意义的。要有意义，就要回到如何将它应用在人身上的问题，那么就一定要先从文化脉络中去找你跟当事人的关系。我觉得人类学的方法与态度是重要的，因为它挖得比较深，挖的是比较有文化性影响的部分，这样的创意会比较有意义。人类学家通常会关心那些例外的、少数的、边陲的事情，很多的创意与可能性都是从那边出来。

像人学家一样思考：口袋书单

《泰利的街角》，〔美〕艾略特·列堡（Elliot Liebow）

　　一个白人写下他进入黑人族裔的生活空间的所见所闻。书中提到，每个人进入田野之前会怀疑、猜测、质疑、紧张，作者的老师和他说，你就进去，把脚弄湿，像个人类学家就对了，你想太多就行动不了。

《伤心人类学》，〔美〕露思·贝哈（Ruth Behar）

　　如书名所示，人类学家一定要有一颗敏感的心，才能知道表象的元素背后有什么东西是触动你的。你不够敏感，就看不出来端倪。

刘绍华，《我的凉山兄弟》，群学，2013

　　作者探讨了凉山地区边缘非主流社会中的艾滋病问题。人类学常关注一个小地方，但这个小地方其实是一个大世界，只要你看得够深。人类学家会观察非主流、边缘、少数，创新正来自少数与边陲，你看得够深，就可以知道它为什么还存活着？它肯定有一定的力量。人类学家关怀的，很多是被资本主义、被文化忽视的人，他们的生活与悲痛到底在哪里？去了解，你才知道我们要做什么事情，帮助这个社会更好。

挖掘厚数据

旅行、观光与人类学

　　人类学和旅行的缘分非常深，除了人类学家本身就必须旅行到田野地做调查，在 19 世纪早期还没发展出现代田野调查方法之前，人类学家也都仰赖旅行家与传教士的游记或是旅行日记才有故事可以分析，这也是"摇椅上的人类学家"一词的由来。

● **反思观光产业对地方文化的影响**

　　今日，旅行也成为当代人类学家的重要课题之一，这有几个背景因素。

　　首先，在全球化的影响下，旅行成为影响人类文化景观重要的因素，它不光是人的移动，也带来了经济与信息的交换。

　　其次，伴随旅行而发展出的"观光产业"，往往在经济规模上带来对地方文化的影响。举例来说，云南泸沽湖畔的摩梭人因为奉行母系社会制度，成为寻求奇观式旅行经验的观光客的最爱之一。虽然旅游观光业带动了地方经济，但也影响到年轻一代摩梭人的经济模式及对自己文化的认同感。以摩梭人为研究对象的人类学家马夏雯（Siobhán M. Mattison）等人皆呼吁，要注意观光产业对当地社会制度带来的影响，鼓励转向发展以地方文化与环境为主体的"生态旅游"（ecotourism）。

● 换位思考，像人类学家一样去旅行

人类学式的研究除了探讨旅游观光对地方的影响，其实也可以发现其本身发展为观光体验的可能性。就如洪震宇主张的"我们应该像人类学家一样去旅行"，不仅要看到地方文化的深度，也要求旅人们能够换位思考，不要把自己的价值观带入旅行所到的地方社会。另一方面，旅游观光业也可以从人类学的反思性角度来重新自我检验："我是在贩卖一次性的消费？还是在建立旅人与在地之间的友善关系？"

锻 炼 你 的 人 类 学 之 眼

民族志田野调查
ETHNOGRAPHIC
FIELDWORK

　　人类学家以发展民族志为目标的田野调查工作。

参与观察
PARTICIPANT
OBSERVATION

　　人类学民族志田野调查方法之一，强调研究者不单对被研究者进行观察，也应直接参与被研究者的生活与行动之中，才能得到最直接的第一手资料。

　　民族志书写通过田野工作来获得对人类社会的描述研究。具体方法包括对日常行为直接的、参与式的观察，以获得第一手资料；也包括各种方式的访谈，比如有助于维持互信关系的闲话家常、提供当下活动知识的对话、长时间访谈等。

参与观察，掌握第一手资料

丽贝嘉·纳珊（Rebekah Nathan）在大学里教了 15 年的人类学之后，发现自己对学生越来越不了解，除了课业问题之外，学生不会来她的办公室聊天、对她邀请一起做课外研究没有反应、听课不做笔记、带着午餐在教室大吃，甚至把脚跷到桌上睡觉⋯⋯这些现象让她百思不得其解，不知道该怎么设计课程。作为人类学家，纳珊决定重新理解美国大学的学生文化，而她的策略是重当一名大一新生，并且借此完成一次民族志式的田野调查。

纳珊用她的高中毕业证书申请了她任教的大学，并且很快被接受了。2002 年 6 月，她撕下汽车上的教授停车证，就像每一个美国大学的大一新生一样，参加新生训练、入住学生宿舍、选好了课，开始了她人生再一次的大一生活。

已脱离学生身份很久的纳珊，很快就遇上了她的"文化震惊"——原本可以开车到达的校园角落，现在只能走过去，校园突然变得广大而陌生。跟同学打完排球后，她很顺手地拿起冰啤酒喝，结果被像是纠察队的人警告，因为一般美国大学生要年满二十一岁（大三）才能喝酒。同学之间的对话她也格格不入，不仅日常用语不同，连讲话的速度都搭不上。但随着她运用擅长的田野工作方法慢慢适应，她交到了一起读书玩乐的朋友，真正成为了这个学校的大一新生，但她依旧秉持人类学家的身份，每晚躲回宿舍写下她参与观察后的田野笔记。在研究的后期，她向同学揭露了自己的身份，并邀请他们到自己的房间做访谈，以解决这段时间累积下来的疑惑。

　　纳珊后来将这一年的田野调查写成了《当教授变成学生：一位大学教授重读大一的生活纪实》一书，书里的内容打破了很多大学老师对学生的想象以及对大学教育的预设。如她所观察到的，大一阶段的学生要面对很大的时间管理挑战，同学们常常会自动限制功课量，只做最需要做的。她提到："我越来越清楚地知道，我的课程只不过是学生面对选课目录时的选项之一，就像是被人把玩的许多球中的一个而已。我还了解到，经验丰富的学生会预先对课程安排及早准备，来应付各项事情的需要。"学生们对他们所学习的内容也忘得很快，因为校园生活有太多新鲜事等着他们。

　　纳珊提醒，美国大学教职员正日渐丧失对大学任务和方向的掌握。她期待有更多的大学教师能从学生的角度来思考大学教育，做出更好的大学教育设计。

✔ 思考

纳珊对学生的疑问，如果不经过田野调查，还有什么更好的解决方法？

在日常生活中，你有没有对某个群体抱有疑问与好奇心，想要开展一场民族志式的田野调查？

参考书目：

Rebekah Nathan, *My Freshman Year: What a Professor Learned by Becoming a Student*. Ithaca: Cornell University Press, 2005.

第十三章

黄婉玲：
追寻台湾办桌文化、
道地古早味

忧心台式古早味的凋零，黄婉玲走访店家、老师傅，到办桌现场习艺，去"阿舍家"学习台系大菜，她长时间浸淫于田野现场，通过参与观察、访谈与亲身练习，挖掘台式美味的今昔，为本土饮食保存了珍贵的文化根脉。她就是一位学院外的人类学家。

"这道菜是香酥鸭，很多菜系里都有这道菜，但是台湾的香酥鸭有台湾人的移民精神，即物尽其用，所以要做到把骨头都压碎，骨头都能入口……"星期天下午的烹饪教室，挤满了来自各地追寻台湾古早味的人，他们正聚精会神看着黄婉玲老师示范如何做出一道道美味老台菜。随着电影《总铺师》在 2013 年票房卖出佳绩，唤起了大众对"办桌菜"的热情，为该片担任办桌菜顾问的黄婉玲也跟着为人所知。她撰写的《总铺师办桌》一书堪称整部电影的原型，拍摄时，她更亲自为电影制作团队示范了多道即将失传的"手路菜"。

黄婉玲对台式美味的追寻之路已默默坚持了超过 15 年，过程就像是人类学家钻入一个新世界般的"田野地"一样，充满了挫折、故事与惊喜。而今，她积极开班授课，心心念念要把即将失传的老台菜传承下去。

望族小姐，自学华丽大菜好手艺

面对镜头总是一派端庄华贵的黄婉玲，出身台南地方望族，而她对美味的探索，就从她的大家庭开始。母亲来自素有"南瀛第一世家"之称的柳营刘家望族后代，黄婉玲自小在优渥家庭中长大，家里有自己的厨师，从讲究美食的环境中培养出敏锐味觉，小学五年级便早早显露出对厨艺的兴趣与天分。

黄琬玲曾留日习得美容美发好手艺，和夫婿林伟民结婚时，她已是三家美发造型沙龙的负责人，后来还曾转战房地产。可能是家族基因的缘故，她

百工里的人类学家

黄婉玲："人要真的跨越时空很难，但在'菜'之中可以回到当年的时间与空间。糕点师傅对老味道的坚持，小吃摊的回忆，都让这些菜不只是菜。有故事就有生命，有故事就能留下我们以前的生活方式。"
● 饮食作家、"黄婉玲的烹饪教室"教师
● 用田野调查的方式挖掘出台式古早味不为人知的故事与菜谱，尤以完整描述办桌文化知名
● 著有《百年台湾古早味》《老台菜》《府城世家寻味之旅》《黄婉玲经典重现失传的台菜谱》《总铺师办桌》等书
● 脸书粉丝团"黄婉玲的烹饪教室"

在商场上的表现一向不错。虽然忙碌，却总会拨出时间练习一下厨艺，好手艺也得到夫家的肯定。黄婉玲善于料理，让儿子林子翔成为学校风云人物。儿子念中学时，她常常花一整个上午准备他的便当，三层便当的华丽菜色让同学老师羡艳不已。不过，对她而言，"家常菜"才是厨艺的大挑战——出身地方望族，家里的饮食多由自家私厨或外聘厨师料理，也常在外享用台南各类型餐馆的美食，自学的菜色是傅培梅系列食谱上的大菜，让黄婉玲对台南当地一般家庭日常生活中的家常菜一无所知。后来透过朋友才知道，原来简单蒸茭白笋，再淋上酱油与蒜泥，就可以成为一道美味的家常菜。这刺激她思考自己的味觉经验，思索到底什么是在地的味道？自己和脚下的土地又有什么样的关系？

从家常菜出发的美食田野之旅

真正带黄婉玲走出自家厨房、开始"寻味之旅"的是儿子林子翔的疑问。在儿子拿"家常菜"考验她的那段时间，她正想着要把孩子送出国念书。儿子问："台湾有什么吃的文化可以带到国外？"一个生活化的味觉提问，让黄婉玲重新面对自己已经西化的口味，开始探索周边台南府城深厚的庶民饮食文化，寻觅在地古早味的小吃与点心。她希望能一一学会并记录下来，让孩子把台湾的美食文化带到国外去。

接下来几年，好学的黄婉玲亲自走访台南大街小巷，从糕饼业开始做调查访谈，接着再追踪小吃与各种在地菜色。她找到了许多过去非常流行但正逐渐失传的点心，如煎锤（台南安平地区类似蚵仔煎与蚵嗲的点心）、双环糖（婚礼时的点心，以糖、麦芽膏与地瓜制成）、板煎嗲（又称面粉煎，类似松饼的点心）等，用心探寻当地手艺人的故事，也将府城生活、礼俗与文化一一记录下来。

深入美食师傅工作现场，用"菜"写人的故事

　　黄婉玲的田野调查并非一开始就顺遂。出身大户人家的她，起初就如同"菜鸟人类学家"，完全打不进田野地里"报导人"的圈子，遭到店家老板与师傅的无情拒绝。这种"没有面子"的挫折感给好强的她带来很大压力，一度还有心悸问题，医生追溯问题端倪，建议她"不妨先从到庙口待着"开始。

　　"我虽是真正土生土长的台南人，却不了解台南人用字遣词是有微妙分别的，上层的台南人、海边的台南人、不同社群的台南人用语都不同。趁着孩子去上夜间辅导课，我到庙口去跟大家聊天，一开始听不太懂，没办法插话，也不了解他们的逻辑，花了一年才打入，听懂之后走访店家也才真的变得比较顺利。比如说，台南人见面打招呼，我们原本会讲'搁早'或是'早安'，但在庙口是说：'呷饭没？'甚至有人会说：'还没死啊？'"讲到这里，黄婉玲一阵大笑。慢慢地，黄婉玲身上原本外显的大户人家贵气变得内敛，语言也跟着一起"入境随俗"，邀访变得容易许多。在采访现场，她拿的不是轻便的录音笔，而是小型卡式录音机，在老师傅旁边录音、做笔记。"访问时不能用录音笔，因为老一辈人看不懂的东西就不行，他们看到我用卡式录音机才会接受。现在录音带买不到了才糟糕，所以看到时一定会买多一点。"黄婉玲分享采访老手艺人的技巧。

　　随着自己在饮食的圈子待得越来越久，和地方上的美食师傅越来越熟，黄婉玲的写作也从书写食物的历史典故跳脱出来，慢慢地转向写"人"，开始用"菜"来写人的故事。"糕点师傅对老味道的坚持，小吃摊的回忆，都让这些菜不只是菜。有故事就有生命，有故事就能留下我们以前的生活方式。"黄婉玲肯定地说。有些人以为黄婉玲做调查采访是受到当记者的夫婿影响，但是她的工作形态不像新闻记者一直追着时间跑，反而更像是人类学家，长时间浸淫于田野现场，通过参与观察、身体实际操作与深度访谈，挖掘与建构起一个美味的世界。而她碰到的最大的"文化

图 13-1

图 13-2

图 13-3

图 13-4

图 13-5

图 13-1—图 13-6
追寻古早味的黄婉玲长期浸淫田野工作现场，并把调查研究成果
通过烹饪教学分享出去。

图 13-6

震惊"，最坎坷、苦不堪言的田野工作，正是令她最难忘也最广为人知的"总铺师"研究。

记录办桌菜，免费当"水脚"

"我小时候根本没吃过办桌！"黄婉玲语出惊人。

西化的家庭背景让她从没机会吃到坊间的"办桌"，听朋友讲"呷办桌"、看到路上热闹的办桌棚子，心中始终存着好奇。后来家族长辈过世，驱使她开始研究总铺师的手艺。"采访'总铺师办桌'应该是源于一个心理上的需求。那一年结婚纪念日，我们全家去庆祝回来，晚上十点多接到表弟电话，说：'大姨与二姨今天都走了。'两个长辈同一天过世，怎么可能？我从小受的训练是感情要内敛，不敢随便表达，也不知道该怎么表达。这段时间我非常痛苦、不知所措，我跟她们感情非常深，如何能转移痛苦不再悲伤？那时便想，我去了解'总铺师'是怎么回事好了！"

只是黄婉玲万万没料到，原本以为是疗伤的过程，竟然带给她前所未有的挑战。不同于路边的小吃或糕饼铺，办桌如此大型的调度场面，着实带来了调查研究上的难度，更别说每一场办桌都是分秒必争的战场，师傅们哪有时间慢下来让她采访！然而她知道，如果不直接走入办桌现场，不去赢得总铺师们的信任与认同，调查工作不可能完成。所以她咬着牙，像当初在庙口学习一样，冒着被嫌弃厌恶的风险，开始一场一场地观察到底什么是"总铺师办桌"。相较于饼铺或是小吃，总铺师的世界对黄婉玲来说更为陌生，更难以打入。由于同行之间的相互竞争，师傅对自己的手艺与菜色大多较为保护，不喜欢与外界往来；加上总铺师多半来自社会的中下阶层，教育水平不高，在办桌以外的场合经常不受整体社会的尊重，让他们更显孤僻，这些都让黄婉玲的办桌研究变得难上加难。打电话邀访被拒绝奚落、人到了师傅家被赏闭门羹……她尝到了人生最不堪的对待。但因为有之前的经验，她拿出了无比的恒心与毅力，硬是跟在办桌现场边看边学，终于有机会开始当师傅的"下手"，帮忙备料。

办桌场是一个专业的工作场所，有各种专业术语，若搞不清楚这些词汇，往往就跟不上总铺师的指挥。"我房间里贴满做笔记的纸条，平常不断复习，因为搞错了师傅不会理你。每个总铺师的逻辑与术语都不同，因为区域与师承不同。你几乎都可以通过术语，追踪出他们的来历与师承。"她说。

从不懂专业术语，到学会和总铺师与其他水脚（现场给总铺师帮忙的助手们）交谈；从不知道怎么站位子到可以利落出手帮忙，黄婉玲慢慢地打入了办桌圈子。她的努力逐渐得到办桌师傅们的认同，他们也乐得有一位免费的得力助手，帮他们省下一场一千六百元的水脚费。

黄婉玲在办桌现场像其他水脚一样，忙起来五六个小时没得休息，也少有机会上厕所，一场办桌忙下来浑身瘫软无力。虽然是以收集资料、做采访为目的去当水脚，但在办桌现场不能录音，更忙到没时间记笔记，完全得用心、用眼来记。办桌结束后，她总是撑着疲倦得快要闭起来的眼睛，赶紧记下这场办桌的菜品内容、工作时听到的精彩故事，就这样一点一滴累积起她的田野资料。

最震撼的一次经验，是黄婉玲在办桌场子旁边站了三个月之后，终于得到办桌师傅首肯让她当水脚帮忙，没想到第一次上阵切料，被师傅嫌慢，她速度一加快，不小心切到左手食指，在料理台上血流如注。她向师傅求救，而师傅只是用黑色的电器胶布帮她把伤口绑了一下，就回头继续忙去了。伤口事后缝了好几针。

即便如此，还是挡不了黄婉玲对"办桌菜"的热情。没多久，她又回到办桌现场，不屈不挠的精神让老师傅折服，开始愿意多教她一些。到今天，她的左手食指还留有疤痕，也因伤到神经而不太灵敏。这道伤疤让黄婉玲感受到了办桌现场的认真，同时一直提醒着自己：没有什么过不去的难关！

跟总铺师学办桌，复原失传"手路菜"

在熟悉水脚的工作之后，新的挑战又接着来到。"见习一年多之后，一位师傅的妈妈跟我说：'你如果不会做好菜，永远没资格写出好书。'于是我决心跟师傅好好学，变得更卖力。星期一到五的下午，我自己出钱买菜请他们教我，做完菜就留给他们当晚餐。"不同于当水脚帮忙备料，学做"办桌菜"必须懂得试滋味。得先吃过办桌师傅做的成品，用舌头记下味道，然后再实际操作，并且从食材的组合当中找到最理想的搭配。在长期做白工苦学之下，黄婉玲对味道的辨别能力越来越好，手艺也越来越精湛。"直到学会了'五柳枝'的调味，我才茅塞顿开，真的把食材组合、烹饪手法、调味技巧都搞懂了。在这之前一年两个月的时候，我曾经想放弃。因为我一直做白工，每天一直亏钱。幸好我以前很会赚钱，有本钱亏。"她打趣。

今日回想，虽然老总铺师给了黄婉玲不少磨难，但看到他们对工序如此讲究、对味道的传承念兹在兹，她心中仍充满感动："一位老师傅为了传下

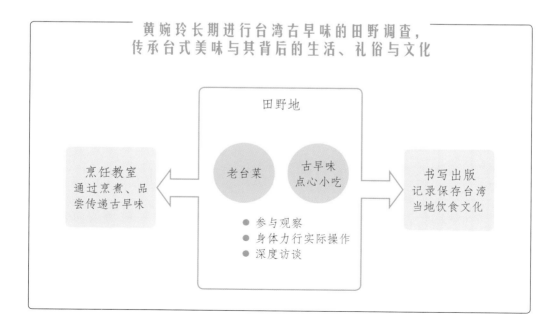

黄婉玲长期进行台湾古早味的田野调查，
传承台式美味与其背后的生活、礼俗与文化

'换骨通心鳗'这道菜，在生命的最后三天还特地撑着回到家里，把做法传给他的老婆、儿子，然后才回到医院，咽下最后一口气。"想到这些总铺师们或许教育程度不高、生平也不受社会尊重，却都是在用生命贯彻自己的信念与使命，黄婉玲感性地说："这群老师傅都是哲学家，教了我很多。他们教了我在大户人家里面从来没有学到的，使我的人生更完美。"

找回"阿舍菜"的滋味

在整理完总铺师手艺与自家的饮食回忆之后，黄婉玲的调查重心一路发展到了"阿舍菜"。

"阿舍"就是以前的大户人家与地方望族，但可不是每个大户人家都能被称为阿舍："当年阿舍会以身为'阿舍'为荣，但'阿舍'不是自己封的，而是由百姓给予的；'舍'要懂得约束自己，扮演好自己的角色。这是台湾地区早年的风俗，我们家也是到了第五世祖才被封上'舍'字。从此后代子孙的名字才能出现"舍"字，子翔叫翔舍、我叫玲舍。"黄婉玲解释"阿舍"的由来。

正因为这些阿舍家都有深厚的经济实力，他们的生活与饮食也都是早期台湾地区上流社会的指标，所以黄婉玲说："台菜怎么会没有大菜呢？台菜不是只有小吃，台菜的大菜都是在阿舍家里面。"

就像黄婉玲的娘家一样，以前阿舍家里有总铺师掌厨，能找来当地最好的食材，花最长的时间、最细腻的功夫来雕琢每道菜的好味道；对味道讲究的阿舍们，也总会不断挑战总铺师的厨艺。因此，大户人家的私房阿舍菜正是台菜的精华。然而，随着时代发展，阿舍们的经济条件改变，请不起总铺师在家掌厨了，阿舍菜也慢慢失传。

而要找回失传的阿舍菜，得先设法进入阿舍家的家门边做边学，这在社会阶级界线清楚的台南不是容易的事。"要进阿舍家很难！他们在社会上都很有地位，自视甚高，事事都有自己的逻辑与规范。因为有姻亲的关系，他们不得不接受我的拜托。他们都认为我有病，不懂我为什么要做这些事情，认为我去煮饭给他们吃像是矮他们一截，认为我贬低自己来衬托他们，觉得对我妈妈会不好意思。我只好努力去说服他们，我的兴趣在这里，我有病。"黄婉玲自嘲地说。

但是，办桌菜还有师傅可以问，阿舍菜多半已经随着家里老师傅的凋零而失传。面对这样的难题，黄婉玲再度拿出实验精神，一道一道地试验，她把学会这些大菜当成是自己的责任，"台湾的大菜都集中于有钱人家，他们不会自己公开的。我找到那些有钱人家，请他们口述，仔细告诉我曾经吃过什么，但是他们自己不会煮，我就照着他们说的，一道一道实验做给他们吃，他们吃了说'对了'，我就还原到阿舍菜了！"她以"菱角排骨酥"举例，"菱角排骨酥这道菜照理讲很简单，但诀窍是必须加芋头，而且味道要甜中带咸、咸中带甜，我一直拿捏不到要诀。等到我抓住诀窍后，心想'难怪嘛！'不要说阿舍喜欢，这是老饕都会爱的菜，现代人真的做不出来。"

对黄婉玲来说，帮阿舍们做饭，不仅仅是下厨而已，而是透过他们找到了自己脚下土地的历史。这些阿舍们或许不解为什么曾是千金大小姐的黄婉玲要为自己下厨，但味觉总是诚实地带着他们跨越时间与空间，回到曾经的风华时代："阿舍长辈不知道怎么煮，只能说出颜色与味道。后来我终于还原成功，他们吃到的时候那种感动的表情像是回到当年。在他们身上我得到一种成就感。人要真的跨越时空很难，但在'菜'之中竟然可以回到当年的时间与空间，这让我觉得很曼妙，我玩得很快乐。"这些实验，都必须跟时间赛跑。"阿舍菜的调查必须赶快，因为老人家正在凋零，八十岁以上的才有资格被称作阿舍，七十岁以上的还不见得有资格。这十五年间，我最辛苦的就是跟时间竞赛，时间不等你，有时候去了，人已经不在了，这条线就没有了。"黄婉玲感慨地说。

古早味烹饪教室：寻根和传承

眼看着台湾地区的古早味不断流失，黄婉玲于 2014 年决定站出来教课，成立"黄婉玲的烹饪教室"，立志把十几年来学到的在地美味，不藏私地传授出去。

"我们的学员里面三分之二不是台南人，很多是从台北特地来学的。有一位马来西亚人专程来上课，他的爸妈还陪着一起。他做完菜之后带回饭店请爸妈品尝，他们说这就像小时候吃到阿嬷的手艺。他们是从'吃'来寻根。"

不管是糕饼师傅、总铺师，还是阿舍们，黄婉玲总是感叹时间走得太快，来不及记下所有曾经的美好。在亲眼见到好几位老师傅仙逝，曾有的美味也随之消失不见之后，她不仅在调查采访上着急，也更急着把这些"古早味"传递给有心想学的人。味道是无形的，必须通过人的烹煮、品尝才能传递下去，因此，她在教室定下了"以一传十"的规矩："我要求学生一次要做十人份的菜。为什么？因为你一定吃不完。这逼着你必须带回家去宴客。你宴客时是不是要找十个人来吃掉？这样好味道就传出去了！所以学生们下课前都会先打好电话，把人约来家里吃饭。"

黄婉玲要把这些菜传下去，更要让已离开人世的老师傅们借着美好的古早味继续活在这世界上。"听学生说我上课非常严格，但我自己完全不知情。我只知道，我必须把老师傅的技艺完完全全传给学生，因此必须凝聚注意力，一点都不能漏。我要做的是让学生超越我，这样老师傅就得到永生了！他过世了没错，但因为很多人学会了这道菜，他就活着了！"如果没有黄婉玲如此专注的精神与过人的毅力，或许就没有电影《总铺师》的精彩内容，这些老台菜也很可能真的慢慢为人淡忘。黄婉玲就像人类学家一样，打破了阶级与职业的界线，让台菜文化得以再现。她是真正的"百工里的人类学家"。

你也可以成为"台菜传人"！

黄婉玲用田野调查的方式深入庶民饮食现场。

她挖掘总铺师不为人知的故事与菜谱，并进一步跟他们学习"手路菜"，即办桌菜里的"功夫菜"。在担任电影《总铺师》顾问期间，为了重现"换骨通心鳗"这道名菜，她自费几万元买鳗鱼与各项食材，不断实验后终于成功，成为电影里令人惊艳的一道菜。

随着田野资料的累积，黄婉玲也意识到，若要完整呈现办桌与总铺师的文化，不能只写端上桌的菜，而是一定要描述整个办桌文化里的人（总铺师、水脚等）、事（婚礼、节庆等）、语言（专业术语）与仪式（与食物有关的礼俗），这些都必须完整地加以调查记录。最后的成果就是《总铺师办桌》一书，她忠实呈现围绕"办桌"的所有文化细节，使此书既这是一本饮食文化的记录，也像是一部人类学民族志。

写完《总铺师办桌》之后，黄婉玲的写作进入了新的阶段。她更加重视每一道老台菜背后的文化意义，写下《老台菜》，重现猪脚鱼翅、小封、通心鳗、古早台式年菜、菜尾汤、香肠熟肉等传统台菜；她重新整理家族的饮食记忆，写下《府城世家寻味之旅》，引领读者在舌尖想象传统大户人家里的生活与品味；并以《黄婉玲经典重现失传的台菜谱》，教做阿舍菜、酒家菜、嫁妆菜、办桌菜、家常菜，鼓励人人都能成为"台菜传人"。

挖掘厚数据

田野调查与人类学

　　田野调查和人类学家互相定义着彼此，而在今日，很多人虽然没有机会在学院里学习人类学，但仍能善用民族志式的田野调查方法工作。那么，到底学院内外的田野调查是否有差异呢？

　　学院里的人类学家发起的田野调查往往都有一定程度的"理论性"，是根据特定学术议题（例如"全球化""性别"等）发展出来的，并进一步形成研究计划，向相关单位争取执行经费。研究的成果往往都以学术发表为优先，期望争取学术位置的晋升。由学院发展出来的人类学田野调查，都要遵守比较严格的伦理规范，研究计划通常要经过研究伦理的审核，以避免对研究对象造成负面影响。

　　学院外的田野调查往往都从调查者本身的"兴趣"或是关心的"议题"出发，比较不会去在乎和学术界或是相关民族志出版品之间的对话。如果是带有商业目的的田野调查，自然也以完成商业任务为导向。虽然这样的研究未必有经费赞助，执行预算上往往比较有限，但是在调查过程中的限制比较少，有更多的弹性。这类田野调查所得的内容，通常都以大众书写为目标，而非发表于小众的学术期刊。

　　当我们身边出现越来越多的"百工里的人类学家"，我们也看到田野调查的形式与主题更加多元化。或许未来学界与非学界的研究界线会更加模糊，但二者无疑都将滋养我们对于人类文化的认识。在许多设计领域相关书籍中，都强调通过"民族志田野调查方法"收集消费者的资料，主张对消费者的行为做细腻的观察与记录，并从中发现消费行为的惯性与痛点。然而，人类学家除了记录行为之外，会更强调要针对"消费的整体脉络""消费者的社会位置""消费者的价值观"等面向进行调查。从这些角度来看，调查者对"消费"本身会有更细腻的研究，将能在田野调查中收集到更丰富的厚数据资料，所得到的资料也将更有深度与脉络性。

锻 炼 你 的 人 类 学 之 眼

厚描
THICK
DESCRIPTION

　　格尔茨认为人类学家的工作在于诠释，其民族志田野工作与书写不是只单纯对现象做描述，而是能够运用在地知识以"脉络化"方式诠释眼前文化现象对于当地人的意义。

诠释
INTERPRETATION

　　格尔茨从语义学出发，指出文化其实就是一套意义的网络，文化行为就是一个文本，人类学家的工作是在意义的脉络上进行诠释。

厚描性诠释地方意义脉络，帮助理解文化现象的构成

　　1958年，人类学大师格尔茨和妻子一起到巴厘岛进行田野调查。一开始颇为不顺，直到参加了村落里一场非法斗鸡比赛，并跟着村民

一起逃避警察的突袭取缔之后，才算是真正进入了当地的社会。

在格尔茨眼中，斗鸡不只是一场游戏，更是一个深入理解巴厘岛文化的窗口。他注意到，虽然印度尼西亚政府禁止民众参与斗鸡赌博下注，但巴厘岛各地几乎都有斗鸡比赛，是岛民日常生活重要的一部分，时有耳闻有人赌到倾家荡产。在格尔茨眼中，巴厘岛的斗鸡更像是英国哲学家边沁（Jeremy Bentham）所说的"深层游戏"（deep play）——赌注过高且参与的人毫无理性可言的游戏。但要理解为何岛民对斗鸡如此着迷，他认为要从不同面向切入。

首先，公鸡在巴厘岛岛民的语言中不只是男性的隐喻，许多日常生活，如法庭审判、纠纷等，也常直接以斗鸡来称呼。巴厘岛男性会给予公鸡最无微不至的呵护，希望公鸡气宇轩昂，因为每只斗鸡都是主人自我的象征。

其次，在斗鸡比赛中，参赛公鸡的腿上被安装了刀片，由主人带到比赛场地，进行一段大约 21 秒的战斗，两只公鸡会斗到至死方休。由于过程充满极大张力，现场所有人都全神贯注，并且相互串联了起来。这也与斗鸡的古老意义相呼应：在过去，带一只斗鸡参加一次重要比赛，对成年男性来说是公民应尽的义务；斗鸡场也和庙宇、市场一样，位于整个村落的中心。

再者，这是一种赌博。在参赛者之间的对赌，具有集体性，双方赌博的金额是对等的，金额越大，代表双方越势均力敌。至于斗鸡场外围观众之间的对赌，相对小型，比较有个体性，在赔率上也显得不对等。

表面上，斗鸡赌的是金钱，但深层意涵上赌的是地位。因为斗鸡不只代表自恋的男性自我与主人的人格，人们也倾向在不同层次的斗鸡比赛中，选择自己要下注的对象，可以是自己的宗族、村庄、家乡团体等。

巴厘岛历史上最伟大的文化英雄刹帝利王子，热衷斗鸡，被命名为"斗鸡者"。在他与邻国王子进行一次斗鸡比赛时，他的全家遭平民篡位者杀害了。意外逃过一劫的他，后来回到家乡手刃篡位者，夺回王位，并建立起强大繁荣的国家。这让斗鸡不单是自身的象征，也联结到社会秩序、抽象的憎恶、男子气概与恶魔般的力量。正因为这些复杂的文化脉络，对巴厘岛人来说，出现在斗鸡现场与投身比赛之中就是一种情感上的教育，牵涉到激情与对激情的恐惧，建构出了一个象征的结构，并在此结构之中形成了他们的文化气质。格尔茨对巴厘岛斗鸡的"厚描性诠释"可以帮助我们掌握巴厘岛文化的意义网络。

✔ 思考

我们有没有类似斗鸡的游戏或是文化行为，可以作为进入台湾地区文化的窗口？

若要介绍台湾地区的饮食文化，该怎么呈现"意义的网络"，对日常的饮食文化进行"厚描"？

格尔茨跟着赌斗鸡的巴厘岛岛民一起逃跑后，才真正得到岛民认可，田野调查研究得以顺利进行。要介绍一种地方饮食文化，我们需要如何真正进入当地脉络，捕捉到文化意义的网络？

参考书目：

Clifford Geertz, "Deep Play: Notes on the Balinese Cockfight" in *The Interpretation of Cultures*. Basic Books, 1973.

第十四章

庄祖宜：
厨房里的饮食人类学

庄祖宜离开人类学学术圈，转而踏入厨师的世界，并且把厨房当作田野基地，以厚描法记录风土、味觉、美食、文化，将对厨艺的兴趣与通俗人类学研究结合，成为中西料理文化的称职转译人，推动饮食文化运动，发挥社会影响力。

现在，若是在网络上搜寻法式家常菜"红酒炖牛肉"的料理方式，教你的可能不是现役的名厨们，而是在 YouTube 频道上的"厨房里的人类学家"庄祖宜。而用"人类学家"当关键字搜寻时，你也会惊讶地发现，排在维基百科条目"人类学家"下的，就是"厨房里的人类学家"。

庄祖宜从学术领域转向厨艺领域的故事，已成为众多年轻人的榜样。她不仅推动饮食文化运动，也通过书写让大家更了解厨师的世界，以及美食背后的文化故事。

下厨调剂紧张留学生活

庄祖宜的厨艺之路，其实是跟着她的人类学之路一起开展的。

她在高中时就很喜欢历史与文化，向往人类学家到处旅行做调查的工作形态，原本打算大学念人类学系或是历史系，只是那时先甄试上了台湾师范大学英语系，这愿望就被搁置了下来。1998年，没有任何人类学经验的她为圆心愿，辞去教职，赴纽约哥伦比亚大学攻读人类学硕士学位，开始了她的人类学之旅。

"我没有任何社会科学的背景，那时看到了哥伦比亚大学有一个硕士学程是给没有人类学背景的人念，便去申请。去了之后才发现所有同学都已经有了人类学的学士学位。第一个礼拜就读埃文思-普理查德（Evans-Pritchard）的《努尔人》（*The Nuer*），大家都专注于批判作者的殖民论述，我却对努尔人怎么养牛、夏天时把脚放在牛粪中纳凉……这些民族志里的

百工里的人类学家

庄祖宜："人类学就是一套看世界的方法，你有了这个方法之后，到哪里都可以做人类学研究。"

● 作家、厨师
● 把通俗的人类学研究与厨艺专长结合，与大众分享厨师的世界及美食背后的文化故事
● 台湾师范大学英语系学士、哥伦比亚大学人类学硕士
● 著有《厨房里的人类学家》《厨房里的人类学家："其实，大家都想做菜"》《简单、丰盛、美好：祖宜的中西家常菜》

小事比较有兴趣。"

只身在国外念研究所压力很大，读不完的书与写不完的报告，这让从小爱吃的庄祖宜特别想念家乡味，便开始自己尝试下厨。"我第一次做菜是因为很想吃牛肉面，放学后就去买材料，牛肉的部位没选对，结果做出了一道很怪的酱油汤。但备料切菜的过程让我暂时从紧张的课业里走出来了。"

就这样，下厨成为庄祖宜留学生活中最重要的调剂，口味也越做越好，时常招待朋友，她还和朋友说，未来念完博士如果找不到教职，干脆来开餐厅。之后，她进入西雅图的华盛顿大学念文化人类学博士班，未完成的博士论文讨论的是"ABC"（American Born Chinese）的身份概念如何形成：

"我的博士论文……探讨'ABC'的身份概念，这些美国出生的华裔小孩，在美国就是美国人或亚裔美国人（Asian American），他们必须移动到亚洲的华人社会，才会有 ABC 的身份。"庄祖宜解释。

她其实也想过拿自己最爱的"饮食"来写博士论文，事实上"饮食"也是当代人类学的重要分科之一，但最后还是决定把这个主题留在生活里，不拿来做研究。"我想过做饮食的研究，那时也把相关的书都看了，但后来觉得这是我最喜欢的事，所以还是保留给自己，让自己有一个可遁逃的空间。"

厨艺兴趣，结合通俗人类学研究

然而，在田野调查结束后写论文的这段时间，庄祖宜的人生有了巨大转变。那时，论文在焦头烂额中写完了第一章，她跟着即将前往波士顿进修的美国外交官夫婿去找房子，看到了剑桥厨艺学校（Cambridge School of Culinary Arts）上课的情形。她从落地窗外看见穿着厨师白袍的年轻学生正在跟着老师备料，心中无限羡慕。几个礼拜之后，她就正式投入了厨艺学校

图 14-1　　　　　图 14-2

图 14-3

图 14-5

图 14-4

图 14-6

图 14-1、图 13-2
庄祖宜熟稔中西料理概念、用语和技法，扮演中西厨艺文化的转译者。（图片来源：庄祖宜的微博和厨房里的人类学家博客）

图 14-3
入境随俗品尝印度尼西亚小吃摊的鸡汤，透过饮食认识在地文化。（图片来源：庄祖宜的微博）

图 14-4
庄祖宜通过料理教学与演讲，向大众分享她热爱的厨艺文化。

图 14-5、图 14-6
餐厅和厨房是庄祖宜的田野地，通过参与观察，用人类学厚描法诠释厨师的世界。（图片来源：厨房里的人类学家博客）

的学习。上了两星期课之后，她就确定要放弃博士学位，改走厨师之路。

"因为不想放弃人类学的训练，所以我一开始念厨艺学校就动手写博客。我用人类学田野调查的方式，每天下课回家写笔记，记录厨艺学校是怎么一回事、我的心情又是如何，就是把通俗的人类学研究和我的兴趣结合在一起。"她在一次访问中这样回答。

庄祖宜从 2007 年开始经营博客"厨房里的人类学家"，记录她在 2006 年挥别痛苦的博士论文后，投身厨艺学校成为专业厨师的种种经过。而人类学的训练对她转行也有帮助："进厨艺学校之前，多半接触到的是社会的中上阶层，进了厨艺学校之后，反而有机会接触到来自社会弱势群体的人。正因为人类学的田野工作训练要求人类学家能在一个不熟悉的环境中生活，我对厨房里的一切适应得更快了。"厨艺学校毕业之后，庄祖宜跟着夫婿来到香港，并且得到了在知名餐厅实习的机会。她从人类学的观察出发，分享她在香港餐厅、游轮厨房的所见所闻："在不同的餐厅工作或实习过后，我觉得越是层级高的餐厅，问题越多。想要摘米其林星星的餐厅，对厨房里员工的压榨常常非常严重。他们觉得让你来这间餐厅工作，会让你的履历很好看，所以要你辛苦地熬。所有主厨都是这样熬出来的，自然会有一种'媳妇熬成婆'的心态。"

庄祖宜说，传统的法式厨房就像是一支"brigade"（军队），有一个层级分明的结构，完全是一个口令一个动作。"学徒一开始先学做冷盘，慢慢一路从蔬菜、面饭、鱼台、肉台升到酱台，过程得熬很久。有些人冷盘做得特别好，却也因此只能一直做冷盘。很多厨师都说根本没有机会看到太阳，每天天还没亮就进厨房，工作十四、十五个小时，大家都是不见天日地在工作，好像超时工作是理所当然。加上餐厅为了达到最高生产力，每天要你重复做一样的动作，有如机器一般，所以是完全的'异化'。"

庄祖宜博客上的文章如人类学家的田野笔记般逐渐累积。她以厨房为原点，写风土、写味觉、写世界，完成了一部描述厨艺文化的民族志，并善用

"厚描法"诠释厨师的世界。读者从丰富的故事性叙述中感受到她厨艺的成长，也跟着她一起进入了厨房这个小宇宙的意义网络。

每一餐的选择，都关乎未来

"吃，在我们生活的这个全面工业化的世界上，不再只是维持生理机能或满足口腹之欲的单纯事件，而是我每吃一口饭、每一次在餐厅点菜或在市场买菜，都承担了一个超越个人口味喜好的社会责任。你的每一个选择，都对大环境有直接的影响，你也必须要承担它的后果，没有任何一个国家机构能帮你挡得掉！"她说。

当了妈妈之后，庄祖宜对饮食品安全更加重视。她不光追求如何烹煮美味，更关心食品安全与饮食文化等议题。2013 年，她受邀登上"TED×上海"演讲"吃出更好的未来"，在 17 分钟的演讲中分享了一段发人深省的饮食反思。同年，她和"绿色和平"组织合作，推出"永续海鲜食谱"，呼吁民众避免吃黑鲔鱼、旗鱼等食物链上顶端的鱼种，减低对海洋生态的影响。

庄祖宜也认为，要真正改变每一个人与环境的关系，光靠呼吁并不够，要做的还是让大家喜欢下厨做菜，"饮食是一件很大、很切身的事，和环境、文化、思想都有很深的关系。要让大家了解怎么吃更健康、对环境更好，提升饮食环境，最直接的方式还是教大家多做菜。你越常在家做菜，就吃得越健康。"

厨师＋人类学家＝料理文化最佳转译人

"欢迎各位听众来到张大春泡新闻，又到了这个月跟庄祖宜分享美食的
'爪哇厨房'时间！"在广播节目里，张大春与庄祖宜畅谈她在各地的饮食
经验。

跟着夫婿移居印度尼西亚之后，庄祖宜还没有机会拍新的影片，但仍维
持在每个月的最后一个星期五下午，与台北的张大春连线，一起讨论居住地
的饮食文化。这个系列已从"上海厨房""波特兰厨房"发展到现在的"爪
哇厨房"，每个月庄祖宜都得做足功课，介绍她在这些地方的饮食经验与文
化脉络。

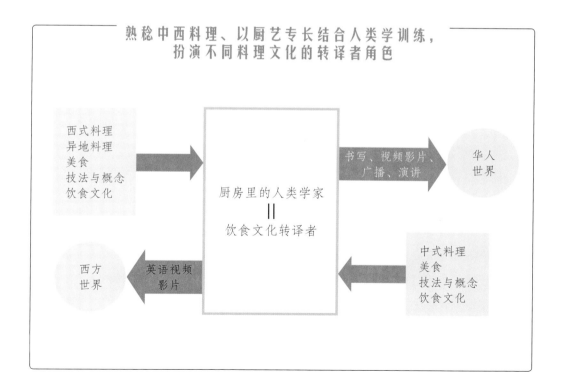

**熟稔中西料理、以厨艺专长结合人类学训练，
扮演不同料理文化的转译者角色**

西式料理
异地料理
美食
技法与概念
饮食文化

厨房里的人类学家
＝
饮食文化转译者

书写、视频影片、
广播、演讲

华人
世界

西方
世界

英语视频
影片

中式料理
美食
技法与概念
饮食文化

"Sambal 就是印尼（印度尼西亚）的辣椒酱，印尼人吃薯条也要加Sambal。他们不像我们用干辣椒，只用新鲜的辣椒，每家都有自己的配方，每个区域也因为有不同的香料所以有不同做法……"搬到雅加达之后，庄祖宜学会了印尼语，努力融入当地的生活环境，就像重启一段人类学田野调查的生活一样，从饮食来认识印度尼西亚这个国家。她和孩子一起吃印尼人最爱的发酵豆饼（Tempeh），发现印尼人偏爱油炸食物酥脆的口感、斋戒月时穆斯林会因为晚餐暴饮暴食而肠胃不适、各地都有自己配方的印尼辣椒酱……听着节目，仿佛读了一本精彩的饮食人类学民族志。

庄祖宜接下来的计划也越来越清楚。过去，她努力把西餐的料理技法介绍到华文世界，接下来她想做完全相反的事。目前，在英语世界介绍中餐料理方式的书仍有所局限，她希望未来能开始用英文拍摄影片，把中餐料理的技法与概念带给西方观众，也想要介绍更多西方人不熟悉的中式菜肴。

"我一直在做的，是将西方的料理用中国人能够理解的词汇转译过来，接下来也希望用同样的方式把中餐介绍给西方。我碰到过很多没有西餐厨房工作经验的华裔厨师，当他们想用英文解释中餐原理时，都是直接将中文用罗马拼音表示，但是英文料理技法中明明就有可以使用的词汇。"

美国厨艺学院的职业训练，加上专业西餐厨房的工作经验，使得庄祖宜非常熟稔西方的料理语言，自然能更准确地对中餐用语加以翻译。"转译者"是人类学学者所能扮演的重要角色之一，庄祖宜便是中西料理文化之间最好的转译人。

庄祖宜恣意悠游于厨艺世界，不曾后悔放弃人类学的学术之路，"我现在做的是我最喜欢的事情，而且我还是能用人类学的思考方式和大家谈论饮食议题，只不过写作的方式没有那么学术了。我也仍多方涉猎饮食相关的研究。以前在学术圈认识的朋友并不嫌弃我，现在要做菜还会来问我，说实话我还蛮感动的。"

"人类学就是一套看世界的方法，你有了这个方法之后，到哪里都可以做人类学研究。"人类学带给庄祖宜面对文化差异时的"田野"态度以及"转译"文化的能力，她勇敢拥抱了自己的最爱，也发挥了更大的社会影响力。人类学也因为这位"厨房里的人类学家"，走进了大众的厨房里！

写书、拍视频分享厨艺，吃出更好的未来

庄祖宜开始做视频，是希望能和大家分享：用简单的方法也能把菜做得好吃。"现在年轻一代太不会做菜，这个断层实在是太严重了。大部分教做菜的节目，不是搞笑娱乐的就是只针对家庭主妇，很难吸引白领与学生。我觉得让中青代愿意去做菜是一件很重要的事，所以我在网络上推广这些短短的视频，让大家喜欢且愿意做菜。"

2011 年，庄祖宜随丈夫移居上海，因为怀孕与忙着照顾孩子的缘故，不再进入餐厅工作。热爱分享厨艺的她在当地朋友协助下，开始制作厨艺教学短片，上传到优酷与 YouTube 等网络平台上发表，让喜爱下厨、想学下厨的朋友有更多资源可用。虽然只是在自己的厨房里用简单的摄影器材拍摄，偶尔儿子还会乱入镜找妈妈，但亲切而生活化的风格让观众更容易跟着庄祖宜做出好菜。目前，她发表的网络影片已累积有超过 780 万人次的点

阅量，堪称华人世界在网络上最有影响力的料理人之一。

　　庄祖宜将博客里的精彩内容集结出版为《厨房里的人类学家》《厨房里的人类学家："其实，大家都想做菜"》，得到了华文世界书迷广泛的回响。网络视频影片的内容也被编写成了她的第一本食谱书《简单·丰盛·美好：祖宜的中西家常菜》，以鼓励更多人亲自下厨，吃出更好的未来。

挖掘厚数据

饮食与人类学

当人类学家离开自己熟悉的环境，到异地去做田野调查时，"饮食"往往是最先要解决的问题，所以饮食文化成为了人类学家最容易发展的研究项目之一。

"饮食"是摄取营养的方式，是人赖以生存的条件。而获取食物的分工、烹调食物的方法、粮食生产的技术等，也决定了一个社会的基本样貌。观察分析人类烹煮方式的变化，将能看到社会形态如何从简单的狩猎、采集发展到现今多元而复杂的形式。

● 人类学家挖掘多元饮食议题

人类学家研究饮食的议题非常多元，在 20 世纪中期的人类学研究中可以见到不少例子。例如，拉巴布（Roy A. Rappaport）探讨部落中人口与猪养殖的关联性，列维–斯特劳斯分析烹调方式所代表的文化社会结构，哈里斯（Marvin Harris）研究肉食文化的变迁，道格拉斯（Mary Douglas）指出圣经《利未记》中的饮食禁忌反映出犹太人的分类观念，敏兹（Sidney Mintz）则探讨"糖"与"甜味"如何改变了世界的饮食文化样貌，并带来后续殖民经济的发展。

到了当代，人类学和饮食的关系更为密切，并发展出更多元的议题，如"饮食与文化遗产""饮食与记忆""饮食全球化""饮食与社会运动"等。可以看出，人类学家在不断探索饮食于各个层面的影响。食物，正如列维–斯特劳斯所说"不只好吃，更好思"。

　　台湾是美食之岛，有各种饮食传统的汇流，更有极大的创新能力不断深化这座岛屿的饮食文化底蕴。饮食人类学家在台湾所能做的，当然不局限在诠释这些饮食现象背后的意义而已。他们也能积极扮演不同饮食文化之间的桥梁，带着人们用味蕾体验文化，并进一步引领人们从饮食出发，反思食品安全与农业生产等议题。透过饮食，打造一个更健康友善的生活。

之五

民族志创作的人类学

带着人类学的眼光，重新侦察这世界！

锻炼你的人类学之眼

神话
MYTH

广义上，神话可以指任何古老传说，是借由故事的形式来表达民族的意识形态。神话源于原始社会时期，是人类通过推理和想象对自然现象作出的解释；神话具有一定的地域性和区域性，不同的文明或者民族都有自己所理解的神话含义。神话也可用于指称某些自古传下、无法被现代科学检验，但某些人对之信以为真的故事。

象征
SYMBOL

对任何一种抽象的观念、情感、看不见的事物，不直接予以指明，而是以某种社会大众所认可的意象为媒介，间接加以陈述的表达方式，名之为"象征"。在神话、民间传说、文学、艺术等的表现中，都可看见象征的应用。

口说神话替代文字，传递历史与价值观

在美洲原住民社会流传的神话中，有一组被美国神话学家命名为"窝棚里的孩子和被遗弃的孩子"，出现在各部族的口述传统里。迈尔·波奇的儿子也叫做迈尔，和父亲一样是个大巫师，想陪同父亲一同上天。他化成岩石，将海洋与陆地分开以防有人跟踪。后来，他恢复人形，和印第安人一起生活。他造了一艘豪华火船，同伴等不及，把船抢走要试航，这个鲁莽的家伙把自己烧着了，跳到水里变成了秧鸡。最后，迈尔去找父亲，父亲在人间留下了一个叫做迈尔·阿塔的儿子。迈尔·阿塔娶了一位同乡女子，她活泼好动，虽然有孕在身，还是想回老家看看。她肚里的孩子和她说话，帮她指引道路。但因为她拒绝摘下肚里孩子想要的某些蔬菜，腹中胎儿便不再说话。女子因此迷了路，来到负鼠的家里。负鼠趁她睡觉时让她怀了另一个儿子，和原本的小孩作伴。

人类学家列维-斯特劳斯在《猞猁的故事》(*Histoire de Lynx*)一书中指出，许多北美印第安神话和这则故事有着类似的结构。例如，在库特奈族的神话里，猞猁让黄鹿怀了自己的一对双胞胎男孩，分别成为太阳与月亮。列维-斯特劳斯如此解释这些神话传递的作用："在没有文字的社会中，实证知识远远低于想象的可能性，就由神话来填补差距，我们所在的社会情形正相反，但达成的结果却完全一致。"

在没有现代科学知识又缺乏文字的前现代部落社会，口耳相传的神话不仅成为认识世界的方式，更透过故事内容传递了每一个社会独特的历史与价值观。宇宙的诞生、社会的伦理界线、冲突与灾

厄，都能够通过神话得到解释。基于这样的故事类型，列维-斯特劳斯提出"二元论"（dualism）的结构性视野。从北美流行"双胞胎"的神话出发，他点出了这些神话的重要性：

"神话以二分的方式，展示了世界和社会不断演变的组织形态，而在每一阶段出现的两方之间从未有真正的平等：无论如何，一方总是高于另一方。整个体系的良好运转都取决于这种动态的不平衡。如果没有这种不平衡，整个体系可能会随时陷入瘫痪。这些神话隐含的结论是，自然现象和社会生活涉及的两极：天与地、火与水、高与低、近与远、印地安人与非印地安人、同胞与外国人等，永远不可能是一对双胞胎。精神（L'esprit）竭尽全力撮合，但无法在两者之间建立平等，因为如同神话思想的设计，正是这一连串的差异推动了整个宇宙的运转。"作为读者，这些神话故事也成为我们认识这些民族与其文化价值观的切入口。

✔ 思考

在我们熟悉的汉族或是少数民族神话中，能否辨认出"二元论"的结构，并从中发展出独特的历史命题？

我们今天普遍受实证科学的深刻影响，那么还有哪些"神话"仍然影响着身处于现代社会的我们？

参考书目：

Claude Lévi-Strauss, Catherine Tihanyi trans., *The Story of Lynx*. Chicago: University of Chicago Press, 1995.

第十五章

Akru：
挥洒神话和想象，
穿越时空与边界

漫画与插画创作者 Akru，以蕴含人文关怀的奇幻写实风格著称。

她以神话、人类学元素赋予创作新的生命，建构一个个充满想象力的世界，以细腻画风描绘了丰富的物质文明细节，带领读者穿越时空。

"**我**其实不敢自称是人类学系毕业的。"Akru 受访时这样说。

漫画家 Akru，本名沈颖杰，她表示不好意思提到自己是台湾大学人类学系毕业，更不太愿意自称为漫画家，只说自己是漫画杂工或是漫画创作者。话虽如此，她笔下受到人类学滋养的漫画作品取得的好成绩早已是有目共睹。

这一代台湾年轻人多数看日本漫画长大，本土漫画市场的原创漫画一向不易经营。然而，Akru 的原创漫画《柯普雷的翅膀》《北城百画帖》与《北城百画帖 II》却逆势突起，合计起来已卖出数万册。她曾多次代表中国台湾地区参加国际展览，以漫画介绍台湾的文化，获得了日本外务省第六届"国际漫画赏"（International MANGA Award）的"入赏"（佳作）肯定，并于2015 年以《古本屋槐轩事件帖》登上了日本集英社在线电子漫画杂志平台《周刊少年 Jump+》。

很多喜欢 Akru 的读者说，她画出了一个真实却又奇幻的台湾，是过去本土漫画里不曾出现过的，并且画风洗炼，呈现了一个个充满想象力的纸上幻想时空。而熟悉人类学的朋友发觉，人类学是 Akru 的重要创作元素。许多人们现在比较陌生的日据时期人类学家，如森丑之助、伊能嘉矩等人，都在 Akru 的笔下重新回到了年轻读者眼前。借由 Akru 的画笔，人类学的元素有了新的生命，年轻人也有了认识台湾历史与文化的新管道。

对人类学的期待出现落差

Akru 从小喜欢画画，高中时加入动漫社团，但大学并没有往艺术的方

百工里的人类学家

Akru（沈颖杰）："细节都是世界观的一部分，为了让这个世界观有说服力，我会去注意这些细节。"
● 漫画与插画自由创作者
● 将人类学训练带入擅长的奇幻写实题材中，细腻勾勒出虚实交织的人文世界
● 台湾大学人类学系学士
● 著有《柯普雷的翅膀》《北城百画帖》《北城百画帖Ⅱ》《十色千景》等

向发展，而是选择了人类学。

"我很早就开始画画，小学老师说这小孩上课都没在听，都在画画。家里有两个小孩，姐姐一直喜欢画画而且方向很明确，我没有她那么明确，学校成绩又相对比较好，所以觉得可以往别的地方发展。升大学的时候家里反对我画画，我就选择相对比较有兴趣的领域，也就是人类学。"Akru解释。

除了画画，Akru从小就爱阅读世界各国的奇风异俗，所以选择了台湾大学人类学系，希望能多学习到一些与世界各民族相关的知识。但是，人类学系偏重理论的训练与反思，跟Akru原本的期待有些落差。文化人类学的知识与理论对大学时期的Akru来讲太过枯燥，拿捏不到重点。那时，她最有兴趣的是考古学、体质人类学之类的课，去鹿谷的考古挖掘实习更是她大学阶段的重要体验；她也花很多心力与时间在系外修课，特别是生物学之类的课程让她特别感兴趣。

从同人志走上职业漫画创作

毕业之后，Akru进入一间游戏公司，从事绘制游戏背景的工作。她利用这段时间充分锻炼画技，造型能力、计算机绘图能力都是在这个阶段养成的，并且开始创作自己的作品。

随着绘图技巧慢慢成熟，Akru开始参加台北的动漫祭，并在活动里贩卖她自己绘制的同人志。同人志可以算是业余的漫画出版，素人漫画家独立发行自己的创作，不管是长篇故事还是短篇，都可以算是同人志。Akru的同人志主题都是她所喜欢的奇幻题材，并且随着画技的累积与提升，她慢慢地在同人志圈打出名号。"Akru的作品很难买，动漫祭上她的摊子都挤不进去。"一位粉丝抱怨，Akru的同人志都得花上九牛二虎之力才能抢到手。

2008 年，Akru 以《柯普雷的翅膀》投稿当时新闻主管部门举办的"剧情漫画奖"，获得了首奖与最佳剧情奖，这使得她的作品跳出业余领域，受到了更多人注意。有了奖金支持一整年的生计，她从游戏公司离职，正式成为专业的漫画创作者。

《柯普雷的翅膀》以荷兰时期博物学家来到台湾寻找传说中的"柯普雷的翅膀"为主轴，不仅画技成熟，更带领读者跟着故事的发展进入了 19 世纪的台湾。该漫画之后正式出版，让 Akru 开始走上商业创作之路，拥抱更多的漫画读者。她也接受出版社的邀约，为多部小说绘制了封面。

写实奇幻风格融合历史与想象

2011 年，Akru 应台湾"中研院"数码典藏应用计划之邀，以计划数据库所拥有的 1935 年"台湾博览会"相关史料档案为素材，发展出了《飞翔少年》这部作品，并且成为应用该数据库的人文漫画期刊《Creative Comic Collection 创作集》（简称《CCC 创作集》，2016 年停刊）之固定创作班底，持续以日据期间的台北城为创作题材，创作出了叫好又叫座的《北城百画帖》系列。

在《北城百画帖》系列故事里，主人翁开了一间名为"百画堂"的咖啡屋，店里汇集了各方人士，主人翁用自己的特殊能力帮这些来到咖啡屋的人解决各种问题。Akru 的"写实奇幻"风格此时已发展成熟，她依据资料精心绘制当时台北城庶民生活的各种空间与物件细节，烘托出故事主人翁的灵异能力，剧情风格游走于真实与虚幻之间。《北城百画帖》在连载期间就让读者惊艳，《北城百画帖 II》单行本更是在推出后两周内就销售超过万册。

除了绘制给青年读者市场的漫画，Akru 也和天下杂志社的《未来少年》月刊合作，发展出了中国神话系列。例如，小时候在汉声出版社的《中国童话故事》系列中读到的"河神娶亲"故事，也成了她创作的题材，发展为作品《水底月》。

Akru 登上日本《周刊少年 Jump+》的短篇奇幻作品《古本屋槐轩事件帖》(中文版《槐轩旧物记事》)，则是从光华商场新旧交错的混搭魅力得到灵感。"这部作品故事发生的地点是光华商场。这里同时有最新和最旧的事物，有很老的东西也有最新的 3C 产品，曾繁荣一时的旧书业则已经没落了。我希望用这样的题材来凸显新旧融合，因为这是其他地方没有的特色。"

故事里的两位男主角像是神话中常见的二元对立元素一样，一位是具有灵异体质的 3C 产品店店员，另一位则是旧书店店长，透过灵力探索旧书背后的故事。这部作品依旧保持 Akru 擅长的奇幻主调，而且因为自己的工作室就在光华商场附近，她常像人类学家一样去现场做田野观察、就近取材，让自己的作品在细节上更具说服力。

刻画物质文明细节，增强说服力

虽然 Akru 谦虚地说自己在读人类学系期间学艺不精，她的作品中却呈现了非常丰富的人类学元素。她的编辑洪苇聿以《北城百画帖》系列作品为例说明：

"Akru 用心经营作品，以她自己的个性去经营出一个'大正浪漫'该有的氛围，作品默默地流露出她的人类学视野，只是一开始她自己没有意识到而已。我觉得这才是一个创作者真正厉害的地方，她不是刻意经营出一个很厉害的角色或很精彩的故事，但是她创造的画面、营造的氛围都是很具象的，让读者可以看到那个时代人们的个性与穿着等细节。这是之前台湾作家没有呈现出来的东西。"

Akru 则解释，上一代的台湾漫画家多半是美术科班出身，画工极佳，但是创作的题材没有那么广泛。她这代的漫画家多半来自不同背景，因为兴趣才开始自学如何画漫画，所以虽然画工可能和前辈们有些落差，但在创作题材上却非常多元。

Akru 的作品几乎都以 19 世纪与 20 世纪前半段的台湾为背景，她在《北城百画帖》的附录说明：要在作品中把氛围经营好，就像是在拼凑从考古遗址挖掘出来的陶片一样，必须非常重视细节，才能拼出一个具体的轮廓。而要将细节经营好，故事中的物件、服饰等小地方都需要仔细考据，并且安置在正确的历史脉络里。

Akru 谦虚地认为，人类学对于她的故事发想虽然没有直接帮助，但在资料整理与故事背景的建构上，却带来了极大的助益。"我觉得人类学系的教育对我（的创作）没有很明显直接的帮助，但是有一些比较潜在的影响。比方说我比较在意资料是否为第一手资料，以及它的真实性。虽然最后画出来的作品不一定完全写实，甚至有很多刻意虚构的部分，但在收集资料的时候我一定会尽可能地贴近原本材料。"

从作品中可以看出 Akru 处理资料的功力。许多历史资料中的物质文明细节，如交通工具、建筑、街道、物件等，Akru 都能精准掌握，并透过独特的画风，营造出一个吸引人又有说服力的世界。

"细节是世界观的一部分，为了让这个世界观有说服力，我会特别注意这些细节。就算画的是虚构故事，我还是会查证资料，不管是用虚构或写实的手法，我都会去填入那些细节。作品中有特定的时空与地点时，考据上要更严谨，比较不能捏造。我希望故事看起来有说服力，我的目标是要有说服力。"

对 Akru 而言，这些人类学家的研究或是历史素材都只是背景元素，真正重要的还是创造出吸引人的故事，因为没有好的故事，这些资料将只是冰冷的素材，无法带领读者进入她笔下建构的世界。"如果是我有感觉的素材，我就会往下继续搜集，然后一边搜集、一边发想故事。有些材料会让我想象出很多画面，我会特别意识到并把它们留下来。在找素材时会尽量多找一些，再把它们组合起来。"

人类学家原型角色呼应浪漫年代

来自人类学领域的台湾文化研究是 Akru 创作里的重要元素，此外，她笔下有许多角色是以人类学家为原型的，例如《柯普雷的翅膀》中的博物学家，《北城百画帖》与《北城百画帖 II》中也出现了以日据时期人类学家森丑之助、伊能嘉矩为原型的角色。

Akru 最初接触到这些原型角色是在人类学系的课堂上。"这些人类学家真的很伟大，我大学时像是听故事一样听老师讲过他们的事迹。在以漫画创作这些角色时，自己会去贴近，认真去揣摩、了解他们想要做的事情。不过漫画只是取一些皮毛而已。这两位人类学家的个性不一样，有机会我也想创作考古学与民族学家国分直一的故事。之所以选择这些题目与人物，和我念过人类学有关，而他们刚好又属于那个年代浪漫的一部分。"

Akru 的创作带有浓浓的浪漫主义情怀，像是追寻梦想的冒险、个人理想的追求、遗憾的满足、从社会拘束中解放，都是她笔下故事背后隐藏的主题。而将以人类学家为原型的角色设计到自己的作品中，正是因为 Akru 看到人类学的浪漫本质，很符合她想要说的故事的氛围。

"我觉得人类学的浪漫其实也是那个年代的浪漫，它兴起的时代就是 19 世纪。《柯普雷的翅膀》的选材也是因为那个年代博物学家到处旅行，台湾各种文化元素错综复杂，我觉得很有意思。就算今天有人告诉你，你还是很难想象那个画面，我凭想象把它画出来，大家也觉得蛮有趣的。"

从民族神话撷取灵感材料

不光是人类学家本身的故事，人类学家所写的民族志记录了很多民族的神话，这些材料正是创作者最宝贵的灵感来源。在 Akru 看来，这些元素只要经过好的包装与设计，就能变得有趣且容易亲近，读者也会更加愿意接触这些他们原本不熟悉的文化材料。

人类学本来就是十足浪漫的学科，告别熟悉的环境，为了去认识另一群陌生人或是挖掘某一段深埋的历史而踏上漫长旅程。在今日这样强调快餐的社会里，尤其凸显出人类学的浪漫。然而，人类学却往往给人枯燥、深涩难懂的先入印象，一般人大多不得其门而入。在艺文领域创作的"百工里的人类学家"所做的，正如 Akru 的漫画，不是将干涩的材料原封不动地搬入作品，而是从人类学的素材找到灵感，像人类学家一样扮演"跨文化转译者"的角色，将这些文化调查的内容转换成吸引人的作品，也带领大家重新去认识、思考文化。

人类学的训练有助于Akru整理资料与建构故事背景元素，使笔下的奇想世界更具说服力

人类学 / 写实面向

> 田野观察
> 第一手历史、文化资料整理

> 考据正确的历史脉络
> 考据角色原型

> 文化转译
> 描绘物质文明

漫画创作 / 个人想象

> 从历史与神话中寻找故事素材

> 建构剧情、角色、时空背景

> 刻画想象的生活物质细节
> 以绘画诠释故事的世界观

穿梭在真实与幻想间的人文漫画作品

《北城百画帖》氛围：台湾的"大正浪漫"

"大正浪漫"意指日本大正天皇在任期间（1912—1926 年），受西方现代化社会影响而引发的思潮和文化现象。"浪漫"一称是由夏目漱石所起。受到 19 世纪以欧洲为中心发展而来的浪漫主义影响，大正时代个人解放等新时代理念与思潮得以盛行，并且表现在文学、绘画、服饰与建筑各个方面。

台湾博览会的举办时间是 1935 年，已经离大正时期有 10 年之久。但是 Akru 认为，这段时间台湾的社会发展与大正时期的日本相近，故在《北城百画帖》的附录中称其作品的氛围为"台湾的'大正浪漫'"。《北城百画帖》中的故事，也将时间点往前推至大正时期，以这段时间的台北城作为故事发生的背景。

挖掘厚数据

大众流行文化与人类学

伴随着大众媒体的普及，大众文化或流行文化，如电影、电视剧、漫画、电玩等，早已是我们日常生活的一部分，自然也成为人类学家关心的对象，许多以此为研究主题的文化研究学者、社会学者都强调要以民族志式的研究方法来研究、理解这些相伴的文化现象。

相较于比较注意大众文化或流行文化的展演内容的其他学科的学者，人类学学者在研究时更强调的是这些文化现象背后的"社会性"，或是从具体的社会生活之中来谈论这些文化现象背后的意义。

● 人类学家关切流行文化背后的社会性意义

以台湾民众熟悉的日本动漫为例，在《粉红色的全球化：凯蒂猫跨越太平洋的轨迹》（*Pink Globalization: Hello Kitty's Trek Across the Pacific*）中，人类学家矢野（Christine R. Yano）将凯蒂猫的流行称为一种"粉红色的全球化"，意指一种日本"卡哇伊"文化的图像或产品从日本蔓延到全世界的现象。这个文化现象联结着日本公司的海外市场扩张、日本商品配送体系的升级，以及日本动漫中所暗示的日本国家的"酷"形象。

人类学家盖布瑞思（Patrick Galbraith）则在《御宅族空间》

（*Otaku Space*）一书中关注日本御宅族的处境。他指出，在日本人眼中，御宅族是主动、自愿地从现实脱离的一群人，虽然有被污名化的现象，但日本御宅族逐渐坦率地接受了自己的身份，愿意公开自己的偏好。

● 人类学知识与想象力能为创作增色

人类学的研究常与大众文化结合，甚至人类学者也常成为大众文化作品里的角色。好莱坞制作电影时，就常聘用人类学家或考古学家担任美术与剧情顾问。一个有趣的例子是，电影《超人：钢铁英雄》聘请语言人类学家施芮儿（Christine Schreyer）来替超人的故乡"氪星"设计出了一套语言符号体系，这足见人类学家的知识与想象力也可以成为让故事作品更精彩的元素。

锻炼你的人类学之眼

反身性
REFLEXIVITY

人类学家对自己、田野地及田野调查对象之间的关系，以及对人类学知识生产过程的反思。

换位思考
EMPATHIZE

人类学家将研究对象的互动过程巨细靡遗地记录下来，也要求自己能掌握对方的语言与社会位置，进而能理解概念与行动之间的关系，要能从地方的脉络，解读资料的意义。

从切身的体验与情感，反思意义网络

雷纳托·罗萨尔多（Renato Rosaldo）与妻子米雪儿，在1967年到1974年间，前前后后在菲律宾东北方144公里的地方进行了30个月的民族志田野调查，他们想要理解伊隆戈人（Ilongot）的猎头文化。在20世纪60年代与70年代，伊隆戈人的人口约有3500人，他们猎鹿、猪，种植农作物，像是稻米、甘薯、木薯与蔬菜。他们像台湾地区的少数民族一样，早期有出草猎首的风俗，直到费迪南德·马科斯（Ferdinand Marcos）在 1972 年宣布实施戒严，猎首风俗才遭废止，伊隆戈人也逐渐从原本的地方信仰转向基督教福音派。

在罗萨尔多的纪录里，伊隆戈人的猎头活动往往发生在失去至亲的时候。早期，当他问伊隆戈人为何要去猎首，伊隆戈人试着向他解释丧亲之痛的愤怒驱使人去割下别人的头，只有当头被割下且丢掉，他们内心的愤怒才得以跟着宣泄。对罗萨尔多来说，初听到这样的解释实在太过简单、模糊，没有说服力。罗萨尔多回忆，当时他太过年轻，只想要寻求更深层的解释，却无法理解哀痛（grief）、悲伤（sadness）与愤怒（fury）之间的差异。1981 年的 10 月 11 日，罗萨尔多的妻子米雪儿和两位伊富高（Ifugao）同伴出游时，不慎失足跌落 65 英尺深的悬崖，坠入暴涨的溪水，就此命丧菲律宾。听闻噩耗的罗萨尔多悲从中来，而且跟着愤怒起来，心里想着："她怎么可以遗弃我？""她怎么可以笨到掉下去？"自此，他才真的理解，原来在丧亲之痛当中，人真的会感受到"愤怒"。

在切身体验到这样的痛愤之前，罗萨尔多从来没有办法真的理解伊隆戈人的猎首行为。但在经历妻子的死亡之后，他重新检验与反思过去对伊隆戈人的研究，更能够体会与理解伊隆戈人处理情绪的方式了，特别是丧亲之痛的愤怒，及其与猎首文化之间的关系。

"我感觉像是活在恶梦之中，整个世界不断扩张又收缩，外在世界与内在世界都在波涛起伏。"罗萨尔多描述他当时的情绪。

这也让他反思，人类学家对于"死亡"的研究往往过度仪式化，想要从丧礼仪式的象征当中去解释当地文化的意义网络。面对这些仪式，人类学家常无视真实情感的方面，把它们当作必经的过程轨迹，却忽略了报导人在面对亲人死亡时的情感反应。在他看来，米雪儿的死不仅让他意识到人类学研究忽略了人类学者本身的情感面，更让他认识到应该注意情感所带来的文化性驱力（force）有多强大。

罗萨尔多进一步反思，人类学家自身的性别、年纪、生命历程，及其在所研究社会中的位置，都会影响其在田野中之所学，也进一步影响到其对田野资料的解读与诠释。从这个角度来看，人类学家永远无法像科学家一样，掌握到绝对客观的事实。这也提醒我们在使用民族志研究方法时应时时反思，不要忽略了自身的条件与状态，因为这将会影响我们与报导人之间的互动，也将影响资料分析的结果。

✓ 思考

从反身性的角度来看，人类学的研究有绝对的客观吗？还是其实所有的研究成果都取决于人类学家和报导人之间的关系？

我们对某一个国家文化的理解，是否会因为受当地的朋友的影响而形成不同的偏见与态度呢？

参考书目：

Ronato Rosaldo, "Grief and a Headhunter's Rage", in Nancy Scheper-Hughes and Philippe I. Bourgois eds., *Violence in War and Peace*. Malden, MA: Blackwell Pub, 2004, pp.167-178.

第十六章

阿泼：
跨界书写，以笔为剑

资深记者阿泼自称"菜鸟人类学家"，世界是她无边界的田野，书写是她的社会实践。

人类学的脉络思考与反身性，以及新闻训练的精准与批判，在她笔下不断寻找融合与平衡。她将"人"的故事和境况传递给大众读者，带来改变的力量。

有位喜欢自助旅行的朋友曾说："阿泼，让我用不同的方法去东南亚旅行。"

随着《忧郁的边界：一个菜鸟人类学家的行与思》在 2013 年出版，这位"菜鸟人类学家"作者开始受到注意，很多读者喜欢她充满反思性的文字，喜欢跟着她去认识台湾以外的地方，也认识台湾自己。

除了书，阿泼大部分的文字作品来自她担任记者所做的新闻报导。她先后在《远见》杂志、《旺报》与《中国时报》担任记者，跑过财经、两岸、文化线新闻，担任过调查记者。阿泼也曾在台湾路竹会、台湾医疗改革基金会工作，执行社区总体营造的任务。她更勤于网络、博客笔耕，从最早的明日报新闻台、无名小站、痞客邦"哈啰～马凌诺斯基"，到现在的脸书专页

"岛屿无风带",都可以看到她的社会观察文章。

　　粗略来看,"记者"与"人类学家"似乎有很多共通点。两者都需要跟人互动做访问,也都需要透过文字来介绍他们的调查结果。那么,两者之间又有什么不同?受过人类学训练之后去当记者又会有什么不一样?透过阿泼,或许能找到答案。

新闻之路,用文字做社会实践

　　"一个好的记者就是一个好的人类学家。"阿泼一直记得大学新闻英文课的徐美苓老师这句话,只是那时她还未对人类学产生兴趣,一心只想往新闻的路上走。在台湾政治大学新闻系期间,她选修了不少法律系与社会科学院

百工里的人类学家

阿泼(黄奕潆):"一个人永远都不可能看见全貌,永远有你不知道、没想到、没问到的东西,而那东西一直在干扰你,于是你就得不停不停地,回到田野,重新阅读、重新提问、重新思考、重新建立脉络。"

● 自由撰稿人、作家
● 关心人权、社会与文化议题,以人类学家的脉络思考,结合新闻记者的犀利批判,用文字做社会实践
● 曾任《远见》杂志、《旺报》《中国时报》等媒体记者,任职过多个非政府组织,数度赴偏远地区与发展中国家当志工
● 台湾政治大学新闻系学士、慈济大学人类学研究所硕士
● 著有《介入的旁观者》《忧郁的边界:一个菜鸟人类学家的行与思》,合著有《咆哮志》等

的课程，例如两岸关系、中国共产党史等，努力充实自己。

阿泼到民族学系修课，是她和人类学的第一次邂逅。当时刚好是台湾地区新闻现象比较混乱的时候，老师知道有新闻系学生来修课，也针对台湾地区媒体乱象提出批评，让台下的阿泼成为箭靶，和人类学的第一次接触一点也谈不上愉快。

本名黄奕潆的阿泼，大学时很爱在网络上争论，根据她在自己脸书专页的解释，外号的由来跟她的个性有关："为什么 PO（泼）取代我的名字成为大家记得的符码呢？因为我简直像泼辣的泼猴，很爱在网络上（BBS 社群）讲话和吵架，毕业很多年了还有学弟妹说他们认识我。"与其说阿泼爱吵架，倒不如说她对这个世界怀抱有很强大的热情与正义感，总是希望找出一个道理，透过文字来改变她看不惯的事——新闻，就是她的实践之道。

阿泼大学毕业后进入杂志社当记者。原本以为这是自己社会实践的起点，没想到公司修正发展方向，从人文社会取向转至经济商业面向，此时发生的"9·21"大地震，也让她反思记者工作对自己的意义。当时，她被分派在台北访问一位擅长投资理财的台湾大学学生，没有办法前往地震灾害现场，"我买了一份晚报，头条说有两千多人死亡。在台北采访时我心不在焉，一直问自己为什么这时候是坐在这里？我想到第一线去做帮助他们的工作，跟他们在一起。我认真想想，这才是我想当记者的初衷。那时，我第一次否定了自己的工作。"

带着对记者工作的质疑，阿泼转职网络书店。这时期的她对"科学"与"人"非常着迷，也对人类学越来越感兴趣，于是主动向读者介绍了很多有关生物人类学与体质人类学的好书，并开始准备申请人类学研究所。这时候发生了"9·11"事件，美国世贸中心双子塔遭恐怖分子攻击，刺激她进一步去思考文化人类学或社会人类学是否真的对这个世界有用？

转攻人类学，追寻职业生涯自我价值

阿泼进了慈济大学人类学研究所，最有兴趣的是生物人类学，但跟着老师们一起做基因排序等相关实验之后，她发现自己其实不适合实验室的环境，而是希望多和人接触，于是便往医疗人类学发展。

新闻书写讲究精准与批判，人类学书写则强调脉络与反思，面对这样的专业差异，阿泼刚进研究所的那段时间很受挫，只能慢慢调整适应。"我第一次参加讨论课时非常挫折，老师看完我的报告之后写下评语：'你以为你在写社论吗？'我后来哭着回去找新闻系的老师说，我好像很不会写报告，很不会写作业。"尽管如此，阿泼还是顺利完成她的论文《凝视母体——生育科技时代台湾难孕妇女的经验言说》，取得了硕士学位。她在论文中关注求孕妇女在当代所面临的环境，以及我们对"怀孕"的认知又是如何被医学、文化与国家所建构。研究所期间除了学习人类学，旅行也是她生活的重心。她在东南亚各国旅行，体验国家与国家之间的"边界"，并积极参与NGO（非政府组织）的志工活动，到世界各地做志工服务。在服务的过程中，带给她最大文化震惊的，是跟着台北医学院志工医疗团到中非洲国家马拉维的经历。

"非洲是一个眼前一切都需要解释的地方！"阿泼如此诠释。非洲带给她的文化震惊，从出发前打各种疾病疫苗开始，预告着要前往的是一个截然不同的国度。到了非洲，除了需适应当地自然环境和温度，过度储存的医疗备品、不知如何配合的医疗志工、快饿死也要分享手中香蕉的老奶奶等一切现象，都是令她无法理解的文化震惊。

"我没有在那边做田野，因此没有办法做定义。不知道是当地人平均寿命太短，或是艾滋病跟疟疾的缘故，所以人们没有办法为明天去做任何准备，以至于就是这样子了。那时候觉得非常悲哀，我到了一个每一件事情都是问号的地方，直到现在都还充满问号。"她说。

研究所毕业后，阿泼先后在鲸豚协会、台湾路竹会、智邦生活馆与台湾医疗改革基金会工作。在这些工作转换之间，她不断检验自己的位置，"我

图 16-1

图 16-2

图 16-1—图 16-5
无论是在新闻现场，还是在异国旅行
或志工服务中，阿泼都证明了"一个
好的记者就是一个好的人类学家"。

图 16-3

图 16-4

图 16-5

离开 NGO 的工作，因为我发现在 NGO 做事的前提是，他们必须非常相信自己的价值与自己做的事，不能有所质疑，简直上升到信仰了；可是，在所坚持的与反对的之间有非常宽的光谱，某些做法在效益上或方法上也不是那么妥当。我认为自己没有办法这么绝对，无法相信绝对的事情，所以才又回媒体。"阿泼思索，在什么样的位置上最能发挥自己的价值，为社会带来一点贡献与改变？

记者的新闻线，就是她的田野地

带着介入社会、带来改变的理想，阿泼再次选择回到记者的岗位，先后供职过中时集团的《旺报》与《中国时报》。在她看来，记者的工作很像人类学家，都是在记录与报导现时发生的事情，传达给大众。就像每个人类学家都有自己的田野，记者也都有自己跑的固定路线与新闻场域，长期经营个人的新闻专业与人脉，其实跟人类学家没有两样。

"地方记者根据固定区域来划定路线，所以一个好的地方记者在他负责的范围里，所有大小事都熟透。例如，以前报社一个跑竹北的地方记者，除了熟悉客家文化、祭仪与派系，连竹北地区的生态物种都很清楚，简直就是竹北的人体知识库；另一位南投的地方记者，他清楚该地少数民族的族群分布、祭典和文化，甚至可以细数'九二一'地震乃至历次风灾的影响。"在阿泼眼中，每一个地方都有独特生态，记者对其所属路线的掌握度、完全不输人类学者，甚至更深。

在阿泼来看，新闻工作的经营一点也不比人类学家跑田野简单。如果没有被报导人信任、在地方上没有一定的累积，新闻根本写不出来。她个人因《旺报》的工作曾深入大陆，从一开始的不熟悉，到累积出对当代大陆真实样貌的犀利观察与报导，就是记者经营个人新闻线（田野地）的实例。

进入大陆，宏观反思

报导大陆的新闻，一开始对阿泼来说并不容易。在台湾地区土生土长，虽然高中历史与地理中都有对大陆的描述，大学时期也修了很多相关的课程，但直到加入了《旺报》，阿泼才真的"进入大陆"。

这一段在大陆跑新闻的日子，阿泼觉得像是"一个人类学家进入一个异文化的过程"。她每天处理大陆的文化新闻，还要负责策划周末出刊的《文化周报》的 16 个版面。《文化周报》给了阿泼很大的空间，她也尽情发挥，从各个方面报导当代大陆的真实文化样貌，包括电影、现代文学、现代诗、网络、建筑、农民工、文创产业、青年就业等，多元的选题充分展现出了当代中国的多样性。阿泼除了自己跑采访、编辑，也积极向大陆的媒体人与专家邀稿，以呈现关于真实现状的多元观点，让整份周报不只具有广度，更有一定的深度。

这份经历，让阿泼更宏观地思考自己的民族认同以及面对世界的观点。她意识到，自己与大部分台湾民众对大陆的认识往往偏颇狭隘。与大陆的 NGO 人士或是维权人士的互动也让她发现，虽然彼此有不同的想法，但对正义和社会的关怀其实是相同的。也因为她报导的是文化新闻，当大家对大陆的认识都流于政治与经济现象时，她反而有机会更接近现象背后的文化与精神世界。

调查记者写专题，像人类学家一样思考

离开《旺报》之后，阿泼转至《中国时报》担任调查记者，这份工作与人类学的方法更接近了。在她看来，一般日报的媒体功能在于传达消息，告诉读者正在发生的事，讲明人事时地物与为何发生。由于篇幅限制，大部分记者很难帮读者多问或是多写一些。相较之下，专题报导就非常地"奢侈"：

"调查记者做专题，代表你有足够的版面、空间跟时间，往下探索。例如，当其他记者报导某条溪被污染，对怎么污染的、谁污染它，我们可以追问很多问题，可能是政策的、环境的，或居民长期抗争的历程。每次采访都会有个立场与框架在，毕竟，即使给你多一点版面，还是有限制的，所以你只能采取有限的角度；可是，越采访问题会越多，那些问题此刻无法解决或书写，可以下次再做。所以，几乎每个记者口袋里都养了很多题目，或者存有很多观察资料，有需要的时候可以立刻掏出来。这份工作其实很奢侈，有人付钱给你大量阅读，大量满足你的好奇心，大量和别人聊天。"

呈现故事背后的脉络

阿泼分享，有一句新闻系代代相传的名言，就是"心中有读者"："记者写作时一定把读者放在第一位，读者不是专家也不是学者，他可能不懂经济，不懂科学，不懂医药，记者的工作就是翻译给他看，让他明白他为何得知道这件事。"

而人类学的训练，让阿泼在报导时除了写下采访内容，也会尝试在篇幅限制之内尽量呈现出一个故事背后的脉络，"学过人类学，思考社会阶级结构这类问题时会更加注重脉络；如果没有建立脉络，似乎无法从零碎的信息中得到很好的理解或解释。"她说。

重视脉络的态度，让阿泼对自己新闻文章的价值判断更为谨慎。她曾经在高雄燃气爆炸事件发生后进行石化工业的报导，那时事件刚发生没多久，石化业人人喊打。阿泼在某石化厂区采访时听到很多故事，包括那个地区过去的文化产业历史曾如何富庶美好，但盖了石化厂后地景地貌改变了，地方人士利益纷争不断，甚至黑道介入打人等。通过简单的访问，她把当地人的哀伤、愤怒跟地区产业、地方派系等背后的脉络建立了起来。甚至，在离开时，阿泼的鼻子塞住了，用卫生纸擦还有血丝。阿泼心想应该不是心理问题，坚信是环境污染所致。然而，当她要下笔时有了犹豫：

"我看了好多份环境评估报告，里面提到养殖渔业赞成石化厂，原因是石化厂会让水温升高，有利于养殖渔业，而渔业是该地的经济命脉。我发现这个问题，但还未访问到渔民。长官也提醒我还未访问'中油'，因为'中油'宣称新的石化厂已改善环保设备；而在环保团体提供的资料跟数据中，都证明这些补救措施其实无效，很多也作假。可是我可以拿着这样的态度来写报导吗？"

不断思索并检验自己的书写，阿泼希望自己的报导尽量不是只做简单的价值判断，还能带着读者看到事情的全貌。而在接受人类学的训练后，她更加清楚新闻工作的限制，"一个人永远都不会看见全貌，永远有你不知道、没想到、没问到的东西，而那东西一直在干扰你，于是你就得不停地，回到田野，重新阅读、重新提问、重新思考、重新建立脉络。"

介入的旁观者：通过反思，带来改变

对脉络与书写的坚持，让阿泼无法再满足于记者的工作。在中时集团工作了 6 年之后，她于 2015 年转职为一名自由记者与文字工作者。阿泼说，记者的工作都是上面派下来的，而且节奏非常快，往往没有办法真正去深入一个议题。成为自由记者，就是希望能有机会做自己真正有兴趣的专题，走向世界，报导自己真正关心的题目。

离开在线记者的岗位后，阿泼继续用笔走自己的社会实践之路，秉着人类学的视野与初心，把"读者"摆在心中。《介入的旁观者》推荐序言中的一段话也描绘出了阿泼如何站在"记者人类学家"的角色，以其"鹰眼"与反思，发挥改变的力量：

"身为菜鸟人类学家，阿泼所写的文字始终是鞭辟入里。有些文字看来是云淡风轻，读完后却带给读者太多的忧郁与忧虑。她在说理时循循善诱，总是夹带饱满的信息与知识。她从来不说教，当然也不做任何道德式审判，但是她提供的视野与观念，足以带着读者走出个人的偏执与固执。"

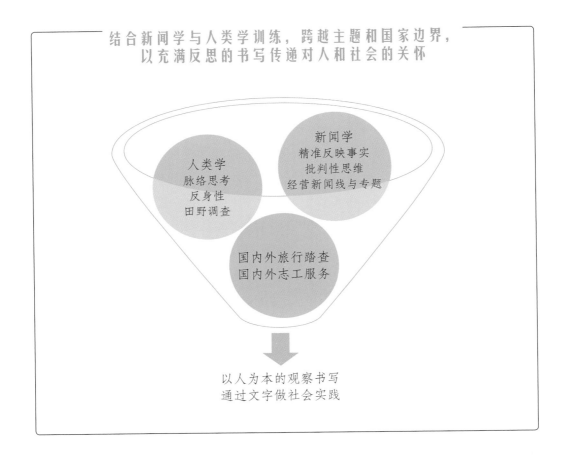

专题报导挖掘厚数据，带读者看事情全貌

阿泼做过的专题报导题材非常多元，有的是配合时事，有的则探讨重要的社会议题。

在"消失与重生"系列专题中，阿泼记录了在台湾这片土地上，咖啡、小麦、老戏院、台湾黑熊与客家聚落曾经如何步下历史舞台，又如何在众人的努力下重新走回人们的生活。在与正声广播电台合作的"新故乡动员令"专题中，阿泼善用曾经参与NGO与社区总体营造的经历，亲赴许多风华一时却因外在因素陷入凋敝的区域，记录在地工作者如何通过创意或创新的方式，发展出新的可能性，例如台南老屋翻新、彰化台银宿舍与扇形车站等。

她也走访各个少数民族部落社群，记录这些当代原乡如何面对外面的经济挑战，并且建立起对自己族群与土地的新认同。

到第一线现场是阿泼以记者身份做社会实践的初心，此为2007年4月15日凯达格兰大道上保留乐生院抗争行动。

挖掘厚数据

媒体与人类学

人类学与媒体的关系大致上有两种，第一种是研究媒体所带来的社会文化现象，第二种则是把媒体作为记录与传播人类学知识的工具。

● 媒体文化既全球化又有在地性

当代人类社会几乎无法避免媒体的影响，不管是广播、电视还是网络，媒体已经成为现代社会里最重要的信息传播工具，往往也决定了文化的样貌。尤其是在今天这样一个全球化的时代里，我们通过媒体与全世界连线、同步，相互影响着对方。

但是，人类学家仍然发现了媒体文化现象的"在地性"。比方说在阿拉伯世界里，伊斯兰经文成为穆斯林早期随身听、现今智能手机里重要的内容，他们运用这些媒体工具来实践他们的信仰。类似的状况也发生在台湾地区，有线电视频道中，宗教台非常多，足见宗教在社会中拥有的力量。

另外，媒体的控制往往也反映出一个社会里的权力运作方式，大至国家、小至家庭。举例来说，当网络还没普及之前，人类学家要研究亲属观念如何实践，会观察是谁在家里决定看哪一台的电视节目，因为做决定的往往都是家中最有权力的那位。

● 民族志影像记录文化现象

　　人类学家也认为应该善用媒体来记录与传播民族志知识，所以发展出了民族志纪录片专业，强调要运用影像来记录眼前所发生的文化现象，也将这类媒体记录作学术研究之用，或是分享给社会大众。在人类学家胡台丽的推动下，台湾地区已经培养出了许多优秀的民族志影像工作者，他们用影像记录并探讨文化现象。另外，"台湾民族志影像学会"每两年举办的"民族志影展"集结了世界各地最优秀的民族志影片，将最有价值的民族志影像介绍给大家，非常值得一看。

人类学好好玩！
锻炼你的人类学之眼

在 "百工里的人类学家" 工作坊教学中，我很喜欢融入一些小游戏，用团建活动的方式带着学生来体验人类学的有趣之处。

在我看来，人类学的课堂上本来就不应该死气沉沉，或是只有冰冷的讲课，毕竟这是一门多么有趣的学问！正因为人类学所讨论的都是人类生命中最普遍的经验，人类学的教育也应该能和学生们的日常生活搭上线，以此来带领学生去认识如何在不同社会文化中处理同样的生命主题，并借以反思自己的生命经历。

"访谈" 练习可以培养 "转译" 能力

"访谈" 是课堂上最重要的活动之一。在此，学习文化人类学的学生最重要的并不是要去记忆哪个民族有什么特殊的文化传统，而是要培养起对 "人" 的兴趣，以及和人交谈并从中发掘出文化规则的技巧。针对每周的主题，学生必须依据我所设计的问题去访问同学，但在过程中有两个规则必须遵守：

1. 不可以访问周围的同学，要到教室的另外一侧去找寻报导人（informant）。

2.访问结束后，进行访问的同学要负责转述报导人所讲的内容。

第一项设计，是为了借此机会让学生"有事可做"，把注意力带到课堂的学习上。这个离开自己位置去访问同学的过程，也模拟了人类学家们离开舒适圈去做田野工作的过程。

第二项设计，直指人类学家的"转译者"角色。人类学家并不是报导人本身，需要尽力搜集完整的资料，也需要针对这些资料做诠释，或是将田野得到的资料和自己的生命经验做比较。学生访问完同学之后须报告访问的内容，希望他们能从中体会到"转译者"的工作。我也会通过"追问"的过程，让学生们发现这些访谈内容可能具有的人类学知识价值。

通过团康活动，领略人类学基本概念

人类学家的工作中最令人向往的就是田野工作（fieldwork）了。在田野工作期间，人类学家往往需要离开自己熟悉的生活范围，到另外一个不同的地方去做调查研究，并和当地人生活在一起。对已有许多旅行经验的人来说，或许很难想象田野工作到底和一般的旅行有何差异；因此，我在课堂上运用"猜领袖"的游戏，让学生体验人类学家在田野工作中可能遭遇到的"文化震惊"，以及如何从庞杂的田野材料中找寻出"文化规则"。

"猜领袖"游戏中的"鬼"，其实就是做田野调查的"人类学家"。离开又进入教室的"鬼"，突然发现眼前的同学们一致且不停地改变他们的动作。接着，他开始观察这些动作之间的关联性，并且发现动作之间有速度上的差别，同学之间的视线也有相同的方向——这个观察的过程，可以当做是一种人类学家在田野调查过程中的"凝视"。他意识到自己眼前的这群人并不是漫无目的地做这些动作，而是有规则的，或是有一个机制让这群人做着同样动作。规则与机制就是人类学家要找寻出的文化规则。找寻领袖这个游戏的过程就是一次"田野调查"。

再细谈下去的话，我们还可以用文化传播（cultural diffusion）这个观念来解释。在这个观念中，任何文化都有一源头或是核心，然后向着四周散布出去。找出核心，就能追溯文化传播与变迁的轨迹。

比手画脚的游戏大家都会玩，就是出题目让人猜，通过游戏的过程来理解语言与文化的关联性为何。

如果参与游戏的人来自不同国家，会产生更有趣的结果。大家可以实验一下，"鱼"要怎样表演？大部分的读者应该都会把双手合在胸前，做出"鱼儿游泳"的动作；但在美国的课堂上，我的学生是把双手手掌摆在脸颊两侧，做出鱼鳍摆动的样子，同时鼓起双颊嘟起嘴，有如电影《海底总动员》中的"尼莫"。这样的差异可以看出，人在不同文化环境中对"鱼"的认识过程不

小游戏一：猜领袖

● 适用单元：田野调查、文化传播论

● 先让一位同学离开教室，担任"鬼"

● 在教室里从同学中选一位担任"领袖"来带领大家做动作，做动作时不能说任何话，但领袖可以带领所有人做拍手、跺脚等各种动作

● 跟离开教室的同学说，他现在的任务是进入教室，"观察"同学们的动作，"找到"当中带领的人

● 当"领袖"被"鬼"找到之后，让负责猜领袖的同学分享他观察同学们变化动作的过程与感受

● 请"领袖"到教室外，也体验一次游戏的过程

一样，也发展出不同的表演方式。

经验告诉我，每一个人类学的主题都可以用小游戏或是小活动来体验，而这些课堂上的经验对学生有正面的影响。在离开匹兹堡大学前，我碰到了之前在讨论课上带过的学生 Sarah（化名），她正要开始她的医学院生涯，准备去国外做医疗服务或当无国界医生。Sarah 说因为参与我的课，她对外国文化有了更浓厚的兴趣，也改变了对世界的想法与态度。听到这话的当下，我满是欢喜，这应是我推动人类学教育大众化的人生光荣时刻吧！

 小游戏二：比手画脚

适用单元：语言

1. 设计题目

a 具体的"物"或是"动物"：狮子、大象、飞机等

b 人类的行为：打篮球、打棒球、吃饭等

c 人类的情绪或生理反应：喜、怒、哀、乐、爱、饥饿、疼痛

d 抽象的文化观念：时间（如昨天、今天与明天）、空间（远与近）

2. 选出善于表演者来表演，并请现场其他朋友来猜

3. 思考题：

● 为什么有些题目好猜，有些题目却很困难？当中，语言又扮演了什么样的角色？

● 语言与抽象思考的能力有什么关系？

● 我们的日常生活之中，又有什么是因为语言才有的文化观念与行为呢？

把人类学家的思维带入管理学

2014 年 9 月，我和另一位人类学家陈怀萱一起成为台湾"中山大学"的博士后研究员。虽然我的职位挂在企业管理系下面，陈怀萱挂在人文创新与社会实践中心，但我们两人实际的工作场域都是在管理学院，一方面配合学校里的社会企业研究与实践，另一方面也试着让管理学院的师生能够有机会接触到人类学的相关知识。

为了产生更积极的化学效应，我们参与了管理学院的两门课程，一是社会企业中心的"社会企业商业模式与实作"，另一门是在高雄甲仙进行社会企业实践的"管理名著选读"。

在参与这两门课之后，我们真的体会到人类学其实是被期待的！在"管理名著选读"这门课里，学生原本的读物是《彼得·杜拉克的管理圣经》。但在这门课的前两堂，我花了四个小时的时间向选课的同学解释，什么是文化人类学，人类学家如何看文化，人类学家如何做田野调查。另外，我还借助美国实境节目《卧底老板》(Undercover Boss) 以及《大卖场里的人类学家》一书，让学生进一步理解人类学方法可能为企业管理带来的益处。而后，我带着学生进入甲仙去体验当地的农业生活，并让他们通过访谈去认识地方上正在面对的如人口老龄化、外配、青年就业以及农业产销等问题。而在"社会企业模式与实作"这门课中，学生主要的工作是分组完成一个社会企业的创业提案。因为之前学生没有机会去做田野调查，我担心他们对社会缺乏想象的能力。恰巧我与同事都有戏剧经验，于是设计了一个一个半小时的课程，试着用情境喜剧的方式来帮助各组学生去想象：在他们的社会企业提案里，"人"有什么样的特殊性？又有什么样的需要？

跨界学习，启发反思能力

对传统的管理学院教育来讲，人文社会知识经常是缺席的。管理学院的学生必然修过营销学，但对人、社会与文化的认识可能较为片面，可能也较少有机会训练人文社会科学式的反思能力。另外，台湾地区的学生跨学科领域选课还未成风气，仅习惯在自己所选择的科系中学习。换言之，如果教育设计中缺乏了跨界的可能，那么，管理学院的学生们几乎没有任何机会去碰触人文社会议题。

然而，当我们带着人类学的背景参与管理学院的课程，用过去管理学院未曾使用过的方式来设计课程，引入人类学家的研究方法与思维方式之后，人文与社会思维开始进入了这些学生们的生命。有学生反馈："我没想到管理学可以这样学""我现在感觉好像眼睛被打开了，但是还没有理出一个头绪"，也听到有些商业管理学院的学生困惑，甚至痛苦地表示，他们过去用管理学建立起来的世界观因此而瓦解了，不知道该如何发展未来的学习计划——到底是应该继续专精于管理学与商学院的领域，还是去广泛地吸收人文社会科学的知识，并试着为社会带来改变？

在我看来，不管他们要走哪一条路，眼下的焦虑都反应出台湾地区本身面对的问题，也都指向一个可能的出路。当管理学院的学生因为接触人类学、社会学，而开始思考他们的专业如何跨出商业领域，进而为社会带来一些正向改变或帮助时，不就是向上提升的开始？

期待，他们就是下一代的"百工里的人类学家"！

283

挖掘厚数据

现场直击：手摇饮料店的人类学考察

　　台湾地区最流行的手摇饮料店，在人类学家眼中到底反映了什么样的文化？人类学家又会如何通过田野观察来描述"手摇饮料店"文化？"对台湾人来说，到手摇饮料店买饮料的意义为何？"

　　从社会学量化研究的角度来看，或许有人会说手摇饮料店反映了台湾地区的茶文化产业，也反映出台湾学生、受薪阶级的消费倾向。而当人类学家把手摇饮料店当成一个田野地，他会尝试更全面地掌握这家店的意义网络，可能从下列角度去观察：

　　人：到底有哪些人被这家手摇饮料店联结在一起？消费者（谁是消费者？）、店员、店长、供应商、物流配送人员、附近的店家老板、消保官、食品卫生稽查人员、地方上的黑白两道、店家附近的住户……每个人因为在不同的位置，又各自有独特的背景，所以对这家饮料店的认知、与这家饮料店的互动，也会有所不同。

　　语言沟通：语言是这些人互动最基本的工具，所以要记录他们彼此如何沟通，特别要记录下关于手摇饮料的独特沟通方式。比方说：除了"半糖""微甜""少冰"与"去冰"这类与消费者确定甜度与冰块分量的用语外，也要注意店员如何向顾客介绍店里的产品，建立起顾客对味道与口感的想象。

　　口味：手摇茶饮店不仅卖茶，也有各类饮品，很多消费者不光喝饮料，还要"吃"到珍珠、蒟蒻、椰果、粉条或是芦荟。换言之，我们对茶或是饮料的定义，也随着饮料店彼此之间的创新与竞争而发生变化。

历史脉络：有人认为人类学的方法偏向共时性（synchronicity），但当代人类学家也重视历史的脉络，更关注在历史过程中有哪些因素造成了重要的影响与转变。比方说，关于手摇饮料，人类学家会想知道谁发明、何时出现了这样的服务方式？卖传统饮料或青草茶的小贩与草药店，原本就有类似的服务；但到底从何时开始出现我们所熟悉的手摇饮料店？这样的转变又与台湾整体社会的发展变迁、消费模式有什么关系？

科技：人类学家也会想了解"科技"的因素在手摇饮料店中发挥了什么样的影响？除了饮料店点餐用的计算机收款机、保存食材的冷冻库，灯光、建筑结构、装潢、水电管线、进货管理等其实也都是科技发展的结果，并且科技会依据这个产业的特殊需要而有所调整；另外，在饮料店之外，还有物流配送、电话与网络的订货服务等与科技相关的部分。若我们把管理当成一门科学性技术的话，手摇饮料店设店、连锁加盟体系、品牌营销与授权等，自然也是商业管理科学下的重要主题。

检验思考方式：在上述问题都想过一轮之后，人类学家还会问自己："我这样问问题，有没有问题？"人类学强调反思性，如同哲学家一般，不断检验自己的思考方式。通过大量理论阅读，也通过与其他相似的民族志例子做比较，让自己面对眼前的文化现象能有更透彻的思考，才能达到格尔茨所说的厚描，进而挖掘出现象背后的厚数据。

一个人类学家以一家手摇饮料店做为田野地、发挥人类学式的思考，便能产生这么多的有趣问题，这些问题的答案共同织成一张意义的网络，掌握这张网，就能更透彻地理解台湾地区独特的手摇饮料店文化。

虽然只是去饮料店买一杯饮料，但对人类学家来说，手摇饮料店就是一个田野地，要了解当中的文化，就要有全面的观察，甚至要到当中做田野工作，才能得到最真实的答案，才能从每一个小问题的答案中得到洞见，最终回答"对台湾人来说，到手摇饮料店买饮料的意义为何？"这一问题。这样的"网络式思考"对不同专业领域有什么帮助？本书中的每一位"百工里的人类学家"都是最好的实例！

致谢

这本书的完成，首先要感谢杨照先生及风尚旅行社游智维先生于2012年时给我的启发。因为在不同场合聆听了两位的人类学经验，才让我兴起"百工里的人类学家"这个计划。

感谢《百工里的人类学家》书中所有的受访者，因为你们在各领域的努力，让我们看到了人类学更多的可能性。

感谢在人类学教育与研究岗位上努力的前辈们，特别是恩师安德鲁·斯特拉森（Ardrew Strathern）与帕梅拉·斯图尔特（Pamela Stewart）、胡家瑜与叶春荣，以及所有教过我的老师们，因为有师长们的付出与启发，台湾地区的人类学研究才有今日的基础与发展。

感谢"百工里的人类学家"团队成员陈怀萱、萧祎涵与林承毅，能和诸位一起经营这个平台，一起朝着让人类学更大众化、在更多领域被应用的目标努力，是我的福气。

感谢一路上支持陪伴的家人与好友们，谢谢大家。

宋世祥

2016 年

● "百工里的人类学家"脸书粉丝专页：成立于2012年，宗旨在推动人类学的大众化与跨领域应用。目前，"百工里的人类学家"粉丝专页每天从各媒体分享两则以上与人类学、文化等议题相关的好文章，带领读者从日常生活议题接近人类学。从2016年起，每周也有一篇以上的专栏文章，由团队成员分享各自的人类学应用经验，并持续招募义工成员中。